中国地震背景场探测项目
建设与管理

肖武军　王　松　张　尧　潘怀文　宋彦云　编

地震出版社

图书在版编目（CIP）数据

中国地震背景场探测项目建设与管理 / 肖武军等编 .
-- 北京：地震出版社，2018.2

ISBN 978-7-5028-4879-8

Ⅰ . ①中…　Ⅱ . ①肖…　Ⅲ . ①地震预测 — 文集
Ⅳ . ① P315.7-53

中国版本图书馆 CIP 数据核字（2017）第 263519 号

地震版　XM4068

中国地震背景场探测项目建设与管理

肖武军　王　松　张　尧　潘怀文　宋彦云　编

责任编辑：刘　丽
责任校对：孔景宽

出版发行：地震出版社

北京市海淀区民族大学南路 9 号　　邮编：100081
发行部：68423031　68467993　　传真：88421706
门市部：68467991　　　　　　　传真：68467991
总编室：68462709　68423029　　传真：68455221
http://www.dzpress.com.cn

经销：全国各地新华书店
印刷：北京地大彩印有限公司

版（印）次：2018 年 2 月第一版　　2018 年 2 月第一次印刷
开本：889×1194　1/16
字数：438 千字
印张：16
书号：ISBN 978-7-5028-4879-8/P(5580)
定价：98.00 元

背景场项目建设掠影

>>> 中国地震局原局长陈建民考察宁夏固原台

>>> 中国地震局原副局长修济刚出席背景场项目
　　可行性研究工作启动会

>>> 阴朝民副局长考察背景场项目河北涉县台建设

>>> 牛之俊副局长（时任发展与财务司司长）出席背景场项目可研报告评审会

>>> 张培震院士参加背景场项目验收会并担任组长

>>> 时任中国地震台网中心党委书记、背景场项目原负责人李强华出席背景场项目初设编制会

>>> 时任中国地震台网中心主任、背景场项目负责人潘怀文出席背景场项目片区检查会

>>> 时任中国地震局监测预报司副司长宋彦云出席背景场项目可研报告编制会

>>> 中国地震台网中心副主任陈华静参加背景场项目片区现场检查会

>>> 中国地震局地球物理勘探中心背景场项目验收

>>> 甘肃省地震局背景场
项目验收

>>> 山东省地震局背景场
项目验收

>>> 安徽省地震局背景场
项目验收

序

中国地震背景场探测项目（以下简称背景场项目）是为满足构建和谐社会对防震减灾事业的基本需求，依据《国家防震减灾规划（2006 — 2020 年)》、《国家中长期科学技术发展规划纲要》及《国家地震科学技术发展纲要（2007 — 2020 年)》提出的战略目标和任务，经国家发改委批准投资建设（发改投资〔2008〕3674 号），由中国地震局负责承建的国家重点建设项目。

背景场项目总投资近 4.3 亿元。项目建设主要内容是在"十五""中国数字地震观测网络"的基础上，优化观测台网布局，建设二期科学台阵，建设数据处理与加工系统。受中国地震局委派，中国地震台网中心作为项目法人，负责该项目的实施。地震系统 38 个单位参加项目建设，他们克服众多困难，群策群力，经过几年的不懈努力，圆满完成了各项建设任务。于 2016 年 6 月通过项目验收。

背景场项目得到国家发改委、国土资源部、环保部及其下属部门，地方各级政府的大力支持和帮助。在此，向他们表示忠心的感谢，向参加项目建设的广大地震科技工作者致敬。

背景场项目完成后，具有显著的防震减灾效益。

地震监测能力明显提高。以大陆西部地震多发区和近海海域为重点的测震台网建成后，提升了青藏高原、南北地震带、天山地震带等地震多发地区和近海海域等区域监测能力。

地震物理场、化学场观测系统主体架构基本形成。一批重点地区重力观测台、地倾斜观测台、地磁观测台的建设和流动观测系统的建设，填补了区域观测空白。

重点区域强震动信息获取能力进一步提高，地震应急救援数据支撑更加坚实。在强震观测空白区新建 80 个强震台，在首都圈和兰州地区分别建成 80 个强震台站，组成强震动预警台网；13 个省（市、自治区）区域应急流动观测台网的建成，为快速获取中强地震仪器烈度，快速绘制震区参考烈度图提供基础数据，为政府指挥抗震救灾提供决策依据。

在社会效益方面，提高了为经济社会发展服务的能力：包括为提高我国抗震设防能力提供的数据支持；为国防建设服务的能力；为国家实施海洋战略服务的能力。

在科学效益方面，构造了以"场"为基底的地震科学研究基本框架；区域精细探测能力显著提升；数据处理和数据产出能力显著增强；应用了新技术、新材料和创新的建设模式等。

与此同时，培养了一批中青年技术骨干，打造了一支具有较强业务管理能力的项目管理团队，为防震减灾事业发展提供了人才支持。

《中国地震背景场探测项目建设与管理文集》一书针对项目建设过程中的重点环节与工作做了详

尽梳理与汇总，并将项目中产出的优秀成果进行汇总。文集共分为六篇：第一篇是总述，主要对项目概况与建设内容做一概述；第二篇是项目管理，针对项目建设中的重点环节进行介绍；第三篇是工程建设，重点对项目建设过程各主要节点进行具体介绍；第四篇是成果效益，针对项目建设完成后产出的成果对地震监测预报的促进作用进行总结；第五篇是科技论文，主要收集了项目建设过程中产出的部分科技成果，也是项目建设对人才培养的体现；第六篇是大事记，详细记录了项目建设从始至终的大事和关键环节。

相信本书的出版将对广大读者比较全面地了解中国地震背景场探测项目的建设和进一步了解我国防震减灾工作有所裨益。

潘怀文

2016 年 12 月 18 日

目　录

第一篇

总　述

一、项目概况

（一）总体情况

为最大限度减轻地震灾害和实现国家防震减灾工作确定的奋斗目标，《国家防震减灾规划 2006 — 2020 年》明确提出了 2006 — 2020 年我国防震减灾的主要任务是："加强监测基础设施建设，提高地震预测水平；加强基础信息调查，有重点地提高大中城市、重大生命线工程和重点监视防御区农村的地震防御能力；完善突发地震事件处置机制，提高各级政府应急处置能力"。确定相应的战略行动是落实防震减灾的主要任务，实施"国家地震安全计划"，有力推动防震减灾向有重点的全面防御拓展，实现确定的防震减灾奋斗目标。

（二）建设目标

"国家地震安全计划"包括"中国地震背景场探测"、"国家地震社会服务工程"、"国家地震专业基础设施"等项目。"中国地震背景场探测"项目是"国家地震安全计划"的一个重要组成部分。

中国地震背景场探测项目建设目标是在"十五""中国数字地震观测网络"工程建设的基础上，优化观测台网布局，填补空白监测区域，扩大海域试验观测，提升科学台阵探测能力。依靠"国家地震专业基础设施"和"国家地震社会服务工程"项目所构建的基础设施平台和社会服务平台，建设专业数据处理与加工系统，产出我国及周边长期地震活动背景图像、各类地球物理基本场背景及地下介质物性结构基本环境，反映震源及介质参数特征变化图像，反映全国及区域地壳变动及孕震环境的各类重力场、地壳形变场、地磁场、地电、地下流体的变化图像。初步形成覆盖我国大陆及近海海域的地震活动图像，地球物理基本场、地下物性结构等地震背景场数据获取能力和数据产品加工能力，为我国地震预测预警、地球科学研究、国家大型工程、国防建设和国家地震安全计划提供支撑。

（三）项目法人与建设单位

项目法人： 中国地震台网中心

建设单位： 北京局、天津局、河北局、山西局、内蒙古局、辽宁局、吉林局、黑龙江局、上海局、江苏局、浙江局、安徽局、福建局、江西局、山东局、河南局、湖北局、湖南局、广东局、广西局、海南局、重庆局、四川局、贵州局、云南局、西藏局、陕西局、甘肃局、青海局、宁夏局、新疆局、地球所、台网中心、搜救中心、物探中心、一测中心、二测中心、驻深办共 38 个建设单位。

（四）项目投资

背景场项目总投资 42970 万元。其中建筑工程费 11106 万元，设备费 23546 万元，其他费用 8318 万元（图 1–1）。全部为中央投资。

（五）项目架构

中国地震背景场探测项目由观测台网、科学台阵探测系统、数据处理与加工系统三大块构成。中国地震背景场探测项目的总体架构如图 1–2 所示。

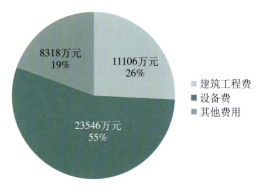

图 1–1　背景场项目总投资分布

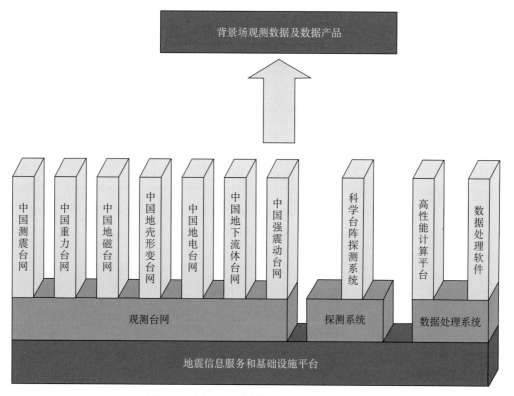

图 1-2 中国地震背景场探测项目系统架构

二、建设内容

（一）观测台网

项目将建设固定台站 595 个，其中测震台站 137 个，重力台站 14 个，地磁台站 31 个，地电台站 63 个，形变台站 17 个，流体台站 93 个，强震动台站 240 个；4 个流动观测台网，包括 1 个流动测震台网，1 个流动重力台网，1 个流动地磁台网，1 个流动形变台网。

1. 测震台网

测震台网建设台站 137 个，其中国家台 68 个，区域台 60 个，海岛台 8 个，深井综合观测台站 1 个。测震新建、改建台站参数见表 1-1，表 1-2。建设过程中取消 3 个测震台，1 个台站延期完成，总数调整为 133 个（图 1-3）。

表 1-1 测震新建台站参数

序号	台站名	地震计	数采	链路	场地	供电方式
1	亳州台	FBS-3B	EDAS-24IP	ADSL	井下	交流电
2	秀山	CTS-2F	EDAS-24GN	SDH	地表	交流电
3	红池坝	CTS-2F	EDAS-24GN	SDH	地表	交流电
4	平潭澳前	BBVS-60	EDAS-24GN3	MSTP	地表	太阳能
5	永泰富泉	BBVS-60	EDAS-24GN3	MSTP	地表	交流电
6	漳平永福	BBVS-60	EDAS-24GN3	MSTP	地表	太阳能

序号	台站名	地震计	数采	链路	场地	供电方式
7	南鹏岛	BBVS-60	EDAS-24GN-3	CDMA	地表	太阳能
8	德庆	BBVS-60	EDAS-24GN-3	CDMA	地表	交流电
9	碌曲	CTS-1EF	EDAS-24GN	SDH	地表	交流电
10	昌马	BBVS-60	EDAS-24GN	SDH	地表	交流电
11	古浪	BBVS-60	EDAS-24GN	SDH	地表	交流电
12	德保台	CTS-1	EDAS-24GN-3	SDH+卫星	地表	交流电
13	融安台	BBVS-60	EDAS-24GN-3	CDMA	地表	交流电
14	斜阳岛	BBVS-60	EDAS-24GN-3	SDH	地表	太阳能
15	全州台	BBVS-60	EDAS-24GN-3	SDH	地表	交流电
16	龙胜台	BBVS-60	EDAS-24GN-3	SDH	地表	交流电
17	昭平台	BBVS-60	EDAS-24GN-3	SDH	地表	交流电
18	晴隆台	BBVS-60	EDAS-24IP	光纤ADSL	地表	交流电
19	盘县台	BBVS-60	EDAS-GN	光纤ADSL	地表	交流电
20	鹤壁	BBVS-60	EDAS-24GN	专线(MSTP)+ADSL	地表	交流电
21	开封	BBVS-60DBH	EDAS-24GN	专线(MSTP)+ADSL	井下	交流电
22	商水	BBVS-60DBH	EDAS-24GN	专线(MSTP)+光纤	井下	交流电
23	鲁山	BBVS-60	EDAS-24GN	专线(MSTP)+光纤	地表	交流电
24	九宫山台	BBVS-60	EDAS-24IP	2M光纤	地表	交流电
25	秋树坪	BBVS-120	EDAS-24GN	SDH	山洞	交流电
26	尚义	BBVS-60	EDAS-24GN	SDH	摆坑	交流电
27	滦县	BBVS-60	EDAS-24GN	SDH	摆坑	太阳能
28	蔚县	BBVS-60	EDAS-24GN	SDH	山洞	交流电
29	临高台	BBVS-60	EDAS-24GN	3G	地表	交流电
30	九所	BBVS-60	EDAS-24GN	3G	地表	交流电
31	同江	BBVS-120	EDAS-24GN	SDH	山洞	交流电
32	望奎	BBVS-60DBH	EDAS-24GN	FTTX	井下	交流电
33	饶河	BBVS-60	EDAS-24GN	SDH	地表	交流电
34	浏阳台	BBVS-60	EDAS-24GN	SDH	地表	交流电
35	汪清台	CTS-1EF	EDAS-24GN6	SDH	地表	交流电
36	临江台	CTS-1EF	EDAS-24GN3	SDH	地表	交流电
37	大丰	JDF-3-60	EDAS-24GN	光纤	井下	交流电
38	阳光岛	JDF-3-60	EDAS-24GN	光纤	井下	交流电
39	兴国台	BBVS-60	EDAS-24GN	SDH	地表	交流电
40	大鹿岛	BBVS-60	EDAS-24IP	SDH	地表	交流电
41	建平	BBVS-120	EDAS-24IP	SDH	地表	混合
42	乌力吉	BBVS-120	EDAS-24GN6	SDH	地表	交流电
43	策克口岸	CMG-3TB	CMG-DM24S6EAM	SDH	井下	混合

续表

序号	台站名	地震计	数采	链路	场地	供电方式
44	额肯呼都格	BBVS-60	EDAS-24GN3	SDH	地表	混合
45	满都拉	BBVS-60	EDAS-24GN3	SDH	地表	混合
46	巴拉嘎尔高勒	BBVS-60	EDAS-24GN3	SDH	地表	混合
47	乌里雅斯太	BBVS-60	EDAS-24GN3	SDH	地表	混合
48	满都拉图	BBVS-60	EDAS-24GN3	SDH	地表	混合
49	呼吉日诺尔	BBVS-60DBH	EDAS-24GN3	SDH	井下	混合
50	大沁他拉	BBVS-60	EDAS-24GN3	SDH	地表	混合
51	二连浩特	BBVS-120	EDAS-24GN6	SDH	地表	混合
52	炭山台	BBVS-60	EDAS-24GN	SDH	山洞	交流电
53	乌兰	BBVS-60	EDAS-GN3	无线网桥转SDH	地表	太阳能
54	乌图美仁	BBVS-60	EDAS-GN3	无线网桥转SDH	地表	太阳能
55	达日	BBVS-60	EDAS-GN3	SDH	地表	太阳能
56	久治	BBVS-60	EDAS-GN3	无线网桥转SDH	地表	太阳能
57	清水河	BBVS-60	EDAS-GN3	无线网桥转SDH	地表	太阳能
58	囊谦	BBVS-60	EDAS-GN3	无线网桥转SDH	地表	太阳能
59	河南	BBVS-60	EDAS-GN3	无线网桥转SDH	地表	太阳能
60	冷湖	CTS-1EF	EDAS-GN6	无线网桥转SDH	地表	太阳能
61	曲麻莱	CTS-1EF	EDAS-GN6	无线网桥转SDH	地表	太阳能
62	朝连岛	BBVS-60	EDAS-24GN	3G+卫星	地表	交流电
63	周村	BBVS-60	EDAS-24GN	SDH	地表	交流电
64	定边	BBVS-60DBH	EDAS-24GN	SDH	井下	交流电
65	横山	BBVS-60	EDAS-24GN	3G	地表	交流电
66	鄯善	BBVS-60	EDAS-24GN	卫星+ADSL	地下室	太阳能
67	裕民	BBVS-60	EDAS-24GN	ADSL	地下室	太阳能
68	伊吾	BBVS-60	EDAS-24GN	ADSL	地下室	交流电
69	喀纳斯	BBVS-120	EDAS-24GN	卫星+SDH	地下室	太阳能
70	塔中	BBVS-120	EDAS-24GN	卫星+SDH	地下室	太阳能
71	民丰	BBVS-120	EDAS-24GN	卫星+SDH	地下室	太阳能
72	三十里营房	BBVS-120	EDAS-24GN	卫星+SDH	地下室	太阳能
73	麦盖提	BBVS-60	EDAS-24GN	VPN+SDH	井下	太阳能
74	瓦石峡	BBVS-60	EDAS-24GN	VPN+SDH	井下	太阳能
75	尼玛	BBVS-60	EDAS-24IP	SDH	地表	太阳能
76	双湖	BBVS-120	EDAS-24IP	SDH	地表	太阳能
77	珠峰	BBVS-60	EDAS-24IP	SDH	地表	太阳能
78	丁青	BBVS-120	EDAS-24GN	SDH	地表	太阳能
79	日土	BBVS-120	EDAS-24GN	SDH	地表	太阳能
80	仲巴	BBVS-120	EDAS-24GN	SDH	地表	太阳能

序号	台站名	地震计	数采	链路	场地	供电方式
81	错那	BBVS-120	EDAS-24GN	SDH	地表	太阳能
82	镇沅	CTS-1EF	EDAS-24GN	SDH	地表	混合
83	松阳	BBVS-60	EDAS24GN	SDH	地表	交流电
84	仙居	GL-S60	EDAS24GN	SDH	地表	交流电
85	南麂岛	BBVS-60DBH	EDAS24GN	3G	井下	交流电

图 1-3 背景场项目新建改建测震台

表 1-2 测震改建台站参数

序号	台网	台网代码	台站名	台站代码	高程／m
1	陕西	SN	安康	ANKG	297
2	甘肃	GS	安西	AXX	1201
3	地球所	BU	白家疃	BJT	197
4	黑龙江	HL	宾县	BNX	227
5	西藏	XZ	昌都	CAD	3338
6	四川	SC	成都	CD2	653
7	吉林	JL	长春	CN2	223
8	湖南	HN	长沙	CNS	86
9	辽宁	LN	大连	DL2	62
10	湖北	HB	恩施	ENS	457

序号	台网	台网代码	台站名	台站代码	高程／m
11	青海	QH	格尔木	GOM	3121
12	甘肃	GS	高台	GTA	1345
13	广西	GX	桂林	GUL	198
14	贵州	GZ	贵阳	GYA	1160
15	广东	GD	广州	GZH	65
16	安徽	AH	合肥	HEF	77
17	黑龙江	HL	黑河	HEH	215
18	内蒙古	NM	呼和浩特	HHC	1169
19	内蒙古	NM	海拉尔	HLR	610
20	河北	HE	红山	HNS	31
21	新疆	XJ	和田	HTA	1409
22	青海	QH	花土沟	HTG	3210
23	云南	YN	昆明	KMI	1940
24	新疆	XJ	喀什	KSH	1523
25	西藏	XZ	拉萨	LSA	3789
26	河南	HA	洛阳	LYN	170
27	甘肃	GS	兰州	LZH	1560
28	黑龙江	HL	牡丹江	MDJ	250
29	西藏	XZ	那曲	NAQ	4500
30	江苏	JS	南京	NJ2	45
31	江西	JX	南昌	NNC	78
32	四川	SC	攀枝花	PZH	1190
33	福建	FJ	泉州	QZH	47
34	海南	HI	琼中	QZN	230
35	辽宁	LN	沈阳	SNY	54
36	上海	SH	佘山	SSE	10
37	驻深办	GD	深圳	SZN	20
38	山东	SD	泰安	TIA	300
39	山西	SX	太原	TIY	900
40	云南	YN	腾冲	TNC	1630
41	浙江	ZJ	温州	WEZ	20
42	湖北	HB	武汉	WHN	36
43	新疆	XJ	乌鲁木齐	WMQ	970
44	新疆	XJ	乌什	WUS	1457
45	内蒙古	NM	锡林浩特	XLT	1027
46	海南	HI	西沙	XSA	2
47	宁夏	NX	银川	YCH	1545

2. 重力台网

建设相对重力观测台站 14 个（图 1-4）；建设流动重力观测系统 1 个，包括新建重力基本点 140 个，改建 160 个，新增重力测线达 14000km（图 1-5）。新建重力台站参数见表 1-3。

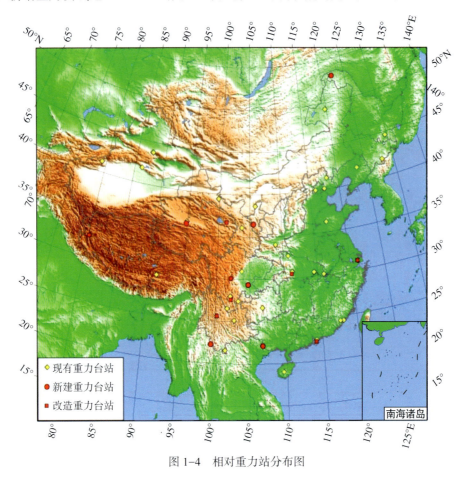

图 1-4　相对重力站分布图

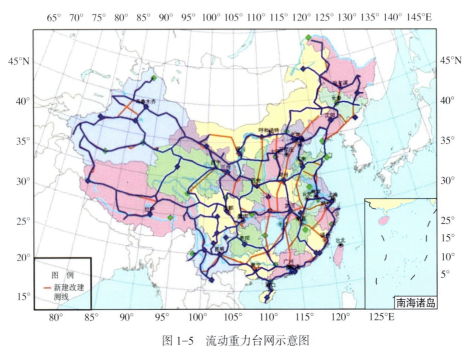

图 1-5　流动重力台网示意图

表 1-3 新建重力台站参数

序号	台站类型	所属单位	台站名称	建设性质	仪器类型
1	相对重力台站	广西	凭祥	新建	GPH重力仪
2	相对重力台站	黑龙江	漠河	新建	GPH重力仪
3	相对重力台站	宁夏	海原炭山	新建	GPH重力仪
4	相对重力台站	青海	玛沁大武	新建	GPH重力仪
5	相对重力台站	四川	自贡	新建	GPH重力仪
6	相对重力台站	云南	孟连	新建	GPH重力仪
7	相对重力台站	广东	深圳	改造	DZW重力仪
8	相对重力台站	湖北	宜昌	改造	DZW重力仪
9	相对重力台站	上海	松江佘山	改造	DZW重力仪
10	相对重力台站	四川	小庙	改造	DZW重力仪
11	相对重力台站	四川	姑咱	改造	DZW重力仪
12	相对重力台站	云南	下关	改造	DZW重力仪
13	相对重力台站	西藏	狮泉河	改造	
14	相对重力台站	青海	格尔木	改造	

3. 地磁台网

新建设地磁台站 31 个（图 1-6），其中新建 7 个基准台站和 24 个基本台站；新建 1 个流动地磁观测系统，包括购置 5 套流动观测设备，新建地磁台站参数见表 1-4。

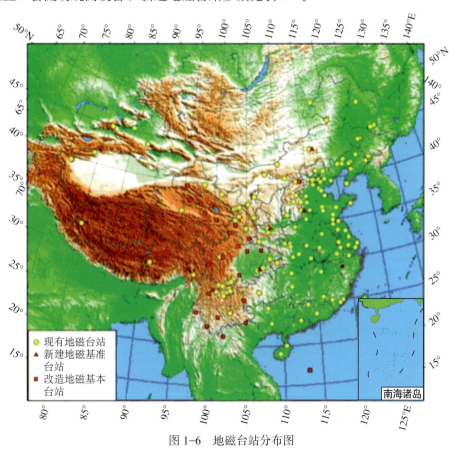

图 1-6 地磁台站分布图

表 1-4　新建地磁台站参数

序号	台站类型	所属单位	台站名称	建设类型	经度/°	纬度/°	仪器类型
1	基准	新疆局	且末	新建	85.45	38.14	磁通门磁力仪
							磁通门经纬仪（DI仪）
							核旋仪
							地磁总场与相对记录组合观测系统
2	基准	内蒙古局	锡林浩特	新建	116.07	43.89	磁通门磁力仪
							磁通门经纬仪（DI仪）
							核旋仪
							地磁总场与相对记录组合观测系统
3	基准	河北局	涉县	新建	113.68	36.54	磁通门磁力仪
							磁通门经纬仪（DI仪）
							核旋仪
							地磁总场与相对记录组合观测系统
4	基准	浙江局	浙西（延期）	新建	119.64	29.32	磁通门磁力仪
							磁通门经纬仪（DI仪）
							核旋仪
							地磁总场与相对记录组合观测系统
5	基准	重庆局	重庆仙女山	新建	102.77	29.53	磁通门磁力仪
							磁通门经纬仪（DI仪）
							核旋仪
							地磁总场与相对记录组合观测系统
6	基准	云南局	丽江	新建	100.25	27.01	磁通门磁力仪
							磁通门经纬仪（DI仪）
							核旋仪
							地磁总场与相对记录组合观测系统
7	基准	陕西局	乾陵	新建	108.21	34.55	磁通门磁力仪
							磁通门经纬仪（DI仪）
							核旋仪
							地磁总场与相对记录组合观测系统
8	基本	山西局	大同	新建	113.24	40.14	Overhauser磁力仪
							磁通门磁力仪
9	基本	四川局	崇州（松潘变更）	新建	103.68	30.64	Overhauser磁力仪
							磁通门磁力仪
10	基本	四川局	江油	新建	104.42	31.46	Overhauser磁力仪
							磁通门磁力仪
11	基本	四川局	巴塘	新建	99.11	30.00	Overhauser磁力仪
							磁通门磁力仪
12	基本	四川局	道孚	新建	80.10	32.12	Overhauser磁力仪
							磁通门磁力仪

序号	台站类型	所属单位	台站名称	建设类型	经度/°	纬度/°	仪器类型
13	基本	四川局	马边	新建	103.42	28.84	Overhauser磁力仪
							磁通门磁力仪
14	基本	四川局	巴中	新建	106.75	31.84	Overhauser磁力仪
							磁通门磁力仪
15	基本	云南局	勐腊	新建	101.53	21.43	Overhauser磁力仪
							磁通门磁力仪
16	基本	云南局	盈江	新建	97.97	24.68	Overhauser磁力仪
							磁通门磁力仪
17	基本	云南局	景谷	新建	100.75	23.50	Overhauser磁力仪
							磁通门磁力仪
18	基本	云南局	云龙	新建	99.37	25.89	Overhauser磁力仪
							磁通门磁力仪
19	基本	云南局	西盟	新建	99.58	22.65	Overhauser磁力仪
							磁通门磁力仪
20	基本	云南局	富源	新建	104.65	25.28	Overhauser磁力仪
							磁通门磁力仪
21	基本	云南局	马关	新建	104.39	23.04	Overhauser磁力仪
							磁通门磁力仪
22	基本	甘肃局	舟曲 (武都中心台)	新建	104.37	33.79	Overhauser磁力仪
							磁通门磁力仪
23	基本	甘肃局	玛曲	新建	102.06	34.01	Overhauser磁力仪
							磁通门磁力仪
24	基本	甘肃局	合作	新建	102.91	35.01	Overhauser磁力仪
							磁通门磁力仪
25	基本	甘肃局	肃北	新建	94.90	39.53	Overhauser磁力仪
							磁通门磁力仪
26	基本	青海局	德令哈	新建	97.38	37.38	Overhauser磁力仪
							磁通门磁力仪
27	基本	青海局	都兰	新建	98.12	36.28	Overhauser磁力仪
							磁通门磁力仪
28	基本	青海局	大武 (天峻变更)	新建	110.23	34.47	Overhauser磁力仪
							磁通门磁力仪
29	基本	青海局	贵德 (兴海变更)	新建	101.44	36.05	Overhauser磁力仪
							磁通门磁力仪
30	基本	青海局	金银滩 (大柴旦变更)	新建	100.91	36.97	Overhauser磁力仪
							磁通门磁力仪
31	基本	海南局	永兴岛	新建	112.85	16.80	Overhauser磁力仪
							磁通门磁力仪

4. 地壳形变台网

建设地壳形变基准台站 17 个（图 1-7）；新建流动观测台网 1 个，包括在湖北、天津、陕西建设 GPS、重力、测距仪器综合检定场，新装一批流动形变测量仪器。新建形变台站参数见表 1-5。

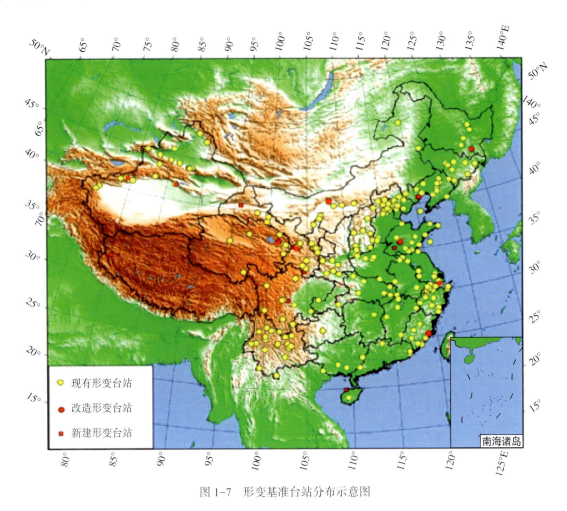

图 1-7　形变基准台站分布示意图

表 1-5　新建形变台站参数

序号	台站类型	所属单位	台站名称	建设性质	经度/°	纬度/°	仪器类型
1	形变台站	甘肃	安西	新建	95.81	40.42	水管倾斜仪（DSQ）
							宽频带倾斜仪（VP）
							洞体应变伸缩仪（SS-Y）
							钻孔分量应变仪（RZB-2）
2	形变台站	甘肃	武都	新建	104.99	33.49	水管倾斜仪（DSQ）
							宽频带倾斜仪（VP）
							洞体应变伸缩仪（SS-Y）
							钻孔分量应变仪（RZB-2）
3	形变台站	海南	五指山	新建	109.53	18.79	水管倾斜仪（DSQ）
							宽频带倾斜仪（VP）
							洞体应变伸缩仪（SS-Y）

序号	台站类型	所属单位	台站名称	建设性质	经度/°	纬度/°	仪器类型
4	形变台站	山东	嘉祥	新建	116.33	35.42	水管倾斜仪（DSQ）
							宽频带倾斜仪（VP）
							洞体应变伸缩仪（SS-Y）
							钻空分量应变仪（RZB-2）
5	形变台站	四川	天全	新建	102.75	30.06	水管倾斜仪（DSQ）
							宽频带倾斜仪（VP）
							洞体应变伸缩仪（SS-Y）
							钻空分量应变仪（RZB-2）
6	形变台站	西藏	狮泉河	新建	80.06	32.31	水管倾斜仪（DSQ）
							宽频带倾斜仪（VP）
							洞体应变伸缩仪（SS-Y）
7	形变台站	福建	莆田	改建	119.01	25.45	水管倾斜仪（DSQ）
							宽频带倾斜仪（VP）
							洞体应变伸缩仪（SS-Y）
8	形变台站	黑龙江	牡丹江	改建	129.59	44.62	宽频带倾斜仪（VP）
							水管倾斜仪辅助装置
							伸缩仪辅助装置
9	形变台站	青海	格尔木	改建	101.26	36.69	宽频带倾斜仪（VP）
10	形变台站	山东	泰安	改建	117.12	36.20	钻孔综合观测（RZB-3）
							钻孔综合观测（RZB-4）
11	形变台站	新疆	库尔勒	改建	86.19	41.81	宽频带倾斜仪（VP）
							水管倾斜仪辅助装置
							伸缩仪辅助装置
12	形变台站	浙江	湖州	改建	120.10	30.84	钻孔综合观测（RZB-3）
							水管倾斜仪辅助装置
							伸缩仪辅助装置
13	形变台站	甘肃	兰州	改建	103.75	36.10	水管倾斜仪辅助装置
							伸缩仪辅助装置
14	形变台站	辽宁	营口	改建	122.60	40.68	水管倾斜仪辅助装置
							伸缩仪辅助装置
15	形变台站	陕西	乾陵	改建	108.23	34.57	水管倾斜仪辅助装置
							伸缩仪辅助装置
16	形变台站	新疆	乌什	改建	79.22	41.20	水管倾斜仪辅助装置
							伸缩仪辅助装置
17	形变台站	内蒙古	乌加河	改建	108.08	41.29	水管倾斜仪辅助装置
							伸缩仪辅助装置

5. 地电台网

建设地电台站 63 个（图 1-8），包括地电阻率 54 个，地电场测项 28 个（其中 19 个台站含地电阻率和地电场观测）。地电台站参数见表 1-6。

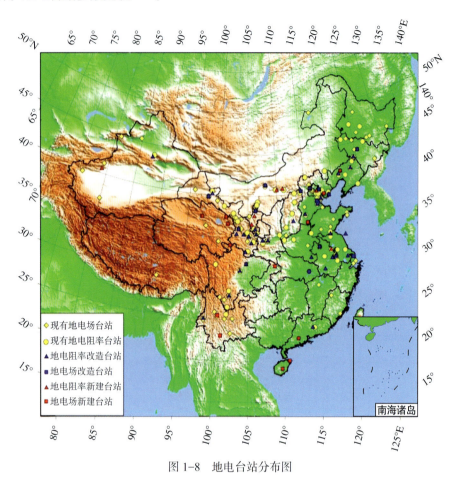

图 1-8　地电台站分布图

表 1-6　地电台站参数表

序号	建设单位	台站	经度/°	纬度/°	地电场		地电阻率	
					建设类型	仪器类型	建设类型	仪器类型
1	安徽局	安庆	117.02	30.52			改造	地电阻率仪
2	安徽局	肥东	117.34	31.45			新建	地电阻率仪
3	安徽局	嘉山	118.27	32.82			改造	地电阻率仪
4	安徽局	蒙城	116.48	33.35	改造	地电场仪器	改造	地电阻率仪
5	北京局	平谷	117.00	40.05			新建	地电阻率仪
6	北京局	延庆	115.90	40.50	改造	地电场仪器	改造	地电阻率仪
7	甘肃局	定西	104.49	35.55			改造	地电阻率仪
8	甘肃局	武都（汉王）	104.99	33.35			改造	地电阻率仪
9	甘肃局	嘉峪关	98.22	39.77	改造	地电场仪器	改造	地电阻率仪
10	甘肃局	兰州	103.26	36.56	改造	地电场仪器	改造	地电阻率仪
11	甘肃局	临夏	103.26	35.66			改造	地电阻率仪
12	甘肃局	玛曲	102.06	34.01	新建	地电场仪器	新建	地电阻率仪

续表

序号	建设单位	台站	经度/°	纬度/°	地电场		地电阻率	
					建设类型	仪器类型	建设类型	仪器类型
13	甘肃局	平凉	106.59	32.55			改造	地电阻率仪
14	甘肃局	四〇四	97.26	40.18			改造	地电阻率仪
15	甘肃局	天水	105.90	34.55			改造	地电阻率仪
16	甘肃局	通渭	105.28	35.20			改造	地电阻率仪
17	广东局	和平	114.78	23.75	新建	地电场仪器	改造	地电阻率仪
18	海南局	琼中	109.80	19.02	新建	地电场仪器		
19	海南局	文昌	110.87	19.96	新建	地电场仪器		
20	河北局	大柏舍	114.77	37.32			改造	地电阻率仪
21	河北局	肥乡（广平变更）	115.01	36.47	新建	地电场仪器		
22	河北局	后土桥	119.05	39.72	改造	地电场仪器	改造	地电阻率仪
23	河北局	滦县	118.64	39.71	新建	地电场仪器		
24	河北局	兴济	116.92	38.53	改造	地电场仪器	改造	地电阻率仪
25	河北局	阳原	114.16	39.72	改造	地电场仪器	改造	地电阻率仪
26	河南局	潢川	115.05	32.15			改造	地电阻率仪
27	湖北局	武汉	114.51	30.51	改造	地电场仪器		
28	吉林局	四平	124.46	43.26			改造	地电阻率仪
29	吉林局	榆树	126.77	44.76	改造	地电场仪器	改造	地电阻率仪
30	江苏局	海安	120.35	32.47			改造	地电阻率仪
31	江苏局	江宁	118.89	31.72			改造	地电阻率仪
32	江苏局	南京	118.85	32.05			改造	地电阻率仪
33	江苏局	新沂	118.39	34.38			改造	地电阻率仪
34	辽宁局	阜新	121.68	42.27	新建	地电场仪器	新建	地电阻率仪
35	辽宁局	新城子	123.52	42.05			改造	地电阻率仪
36	辽宁局	义县	121.25	41.65			改造	地电阻率仪
37	宁夏局	固原	106.16	36.08			改造	地电阻率仪
38	宁夏局	海原	105.58	36.61			新建	地电阻率仪
39	宁夏局	同心	106.04	37.34			新建	地电阻率仪
40	宁夏局	银川	106.27	38.50	改造	地电场仪器	改造	地电阻率仪
41	青海局	德令哈	97.38	37.38	新建	地电场仪器	新建	地电阻率仪
42	青海局	门源	101.40	37.47	新建	地电场仪器	新建	地电阻率仪
43	青海局	西宁	101.73	36.63	新建	地电场仪器	新建	地电阻率仪
44	山东局	郯城	118.45	34.70			改造	地电阻率仪
45	山西局	太原	112.43	37.72			改造	地电阻率仪
46	陕西局	宝鸡	107.40	34.58			改造	地电阻率仪
47	陕西局	乾陵	108.23	34.57			改造	地电阻率仪
48	上海局	崇明	121.51	31.56	改造	地电场仪器		
49	四川局	成都	103.54	30.91			改造	地电阻率仪
50	四川局	江油	104.42	31.46	新建	地电场仪器	改造	地电阻率仪

序号	建设单位	台站	经度/°	纬度/°	地电场		地电阻率	
					建设类型	仪器类型	建设类型	仪器类型
51	四川局	小庙	102.22	27.91			改造	地电阻率仪
52	天津局	宝坻	117.28	39.73	改造	地电场仪器	改造	地电阻率仪
53	天津局	静海	116.86	38.94	改造	地电场仪器		
54	天津局	塘沽	117.58	39.09			改造	地电阻率仪
55	天津局	徐庄子	117.19	38.61			改造	地电阻率仪
56	新疆局	柯坪	79.00	40.51			新建	地电阻率仪
57	重庆局	红池坝	109.10	31.53	新建	地电场仪器		
58	云南局	腾冲	98.00	25.01			改造	地电阻率仪
59	云南局	祥云	100.58	25.41	新建	地电场仪器	新建	地电阻率仪
60	云南局	元谋	101.83	25.84	新建	地电场仪器		
61	内蒙古局	呼和浩特	110.07	40.73			新建	地电阻率仪
62	内蒙古局	满洲里	117.44	49.57			新建	地电阻率仪
63	内蒙古局	乌加河	108.75	40.73	改造	地电场仪器	改造	地电阻率仪

6. 地下流体台网

地下流体台网建设台站93个（图1-9），包括流体背景场观测台站83个，地球化学区域中心台站10个。新建、改建流体台站参数见表1-7，表1-8。地球化学区域观测中心台站参数见表1-9。

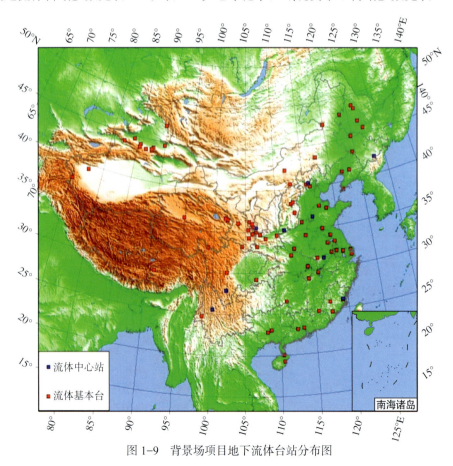

图1-9 背景场项目地下流体台站分布图

表 1-7 新建流体台站参数

序号	台站类型	所属单位	台站名称	建设类型	经度/°	纬度/°	仪器类型
1	地下流体台站	吉林局	长白山综合观测站	新建	128.07	42.07	水温仪
							水位仪
							水氡仪
							水汞仪
2	地下流体台站	湖北局	武汉九峰	新建	114.51	30.51	水温仪
							水位仪
3	地下流体台站	新疆局	乌鲁木齐红雁池	新建	87.62	43.70	水温仪
							水位仪
							水氡仪
							水汞仪
4	地下流体台站	内蒙古局	赤峰	新建	118.98	42.30	水温仪
							水位仪
5	地下流体台站	内蒙古局	克什克腾	新建	117.73	43.45	水温仪
							水位仪

表 1-8 改建流体台站参数

序号	台站类型	所属单位	台站名称	建设类型	经度/°	纬度/°	仪器类型
1	地下流体台	安徽局	霍山33井	设备更新	116.17	31.38	水温仪
2	地下流体台	安徽局	五河女山井	设备更新	117.93	33.05	水温仪
							水位仪
3	地下流体台	安徽局	香泉台	设备更新	118.35	31.88	水温仪
4	地下流体台	福建局	华安汰内	设备更新	117.55	24.72	水氡仪
5	地下流体台	福建局	闽侯旗山井	设备更新	119.18	26	水温仪
6	地下流体台	福建局	永安	设备更新	117.37	25.97	气象三要素
							水位仪
							水温仪
7	地下流体台	甘肃局	甘肃局流体中心	设备更新	103.05	36.06	便携式气相色谱仪
8	地下流体台	甘肃局	街子台	设备更新	106.04	34.45	气象三要素
							水氡仪
9	地下流体台	甘肃局	静宁台	设备更新	105.75	35.43	水位仪
							水温仪
10	地下流体台	甘肃局	清水台	设备更新	106.23	34.76	水温仪
							水温仪
11	地下流体台	甘肃局	武都台	设备更新	104.93	33.38	水氡仪
12	地下流体台	广东局	汕头台	设备更新	116.55	23.5	水位仪
							水氡仪
13	地下流体台	广东局	粤05井	设备更新	113.29	23.41	水位仪
							水温仪

序号	台站类型	所属单位	台站名称	建设类型	经度/°	纬度/°	仪器类型
14	地下流体台	广西局	九塘台	设备更新	108.7	23.07	水位仪
15	地下流体台	广西局	石埠台	设备更新	108.16	22.82	水位仪
16	地下流体台	海南局	海口台	设备更新	110.35	20.03	水位仪
							水温仪
							气象三要素
17	地下流体台	海南局	潭牛台	设备更新	110.74	19.69	水位仪
							气象三要素
							水温仪
18	地下流体台	河北局	怀来台	设备更新	115.53	40.33	便携式气相色谱仪
19	地下流体台	河南局	鹤壁台	设备更新	114.16	35.89	水位仪
							水温仪
20	地下流体台	河南局	金华豫12井台	设备更新	112.63	32.77	水温仪
21	地下流体台	河南局	杞县豫14井台	设备更新	114.63	34.28	水位仪
							水温仪
22	地下流体台	黑龙江局	北安台	设备更新	126.48	48.24	水位仪
							水温仪
23	地下流体台	黑龙江局	宾县台	设备更新	127.42	45.74	水氡仪
24	地下流体台	黑龙江局	甘南台	设备更新	123.5	47.92	水氡仪
25	地下流体台	黑龙江局	望奎台	设备更新	126.68	46.7	流气式氡气源
26	地下流体台	黑龙江局	五大连池台	设备更新	126.14	48.65	流气式氡气源
							水温仪
27	地下流体台	湖北局	襄樊万山台	设备更新	112.17	31.99	水位仪
28	地下流体台	湖南局	新宁台	设备更新	111.03	26.45	气象三要素
							水温仪
							水位仪
29	地下流体台	吉林局	前郭台	设备更新	124.81	45.11	水汞仪
30	地下流体台	吉林局	四平台	设备更新	124.46	43.26	水温仪
31	地下流体台	江苏局	金湖苏06井台	设备更新	119.07	33.12	水位仪
							水温仪
							气象三要素
32	地下流体台	江苏局	句容苏16井台	设备更新	119.17	31.95	水位仪
							水温仪
							气象三要素
33	地下流体台	江苏局	武进苏19井台	设备更新	120.15	31.8	水位仪
							水温仪
							气象三要素
34	地下流体台	江苏局	宿豫苏05井台	设备更新	118.55	33.93	水位仪
							水温仪
							气象三要素

序号	台站类型	所属单位	台站名称	建设类型	经度/°	纬度/°	仪器类型
35	地下流体台	江西	九江台	设备更新	116	29.65	水氡仪
36	地下流体台	江西局	修水台	设备更新	114.57	29.03	水位仪
							水温仪
							气象三要素
37	地下流体台	江西局	寻乌台	设备更新	115.65	24.95	水位仪
							水温仪
							气象三要素
38	地下流体台	辽宁局	金州西点井台	设备更新	121.73	39.08	水温仪
39	地下流体台	辽宁局	辽阳庆阳台	设备更新	123.29	41.22	水温仪
40	地下流体台	辽宁局	盘锦台	设备更新	122	41.18	水氡仪
							水汞仪
41	地下流体台	内蒙古局	阿尔山台	设备更新	119.92	47.17	水氡仪
							水温仪
42	地下流体台	内蒙古局	凉城台	设备更新	112.51	40.54	水温仪
43	地下流体台	宁夏局	红羊台	设备更新	105.64	36.26	水氡仪
44	地下流体台	宁夏局	六盘山镇井台	设备更新	106.28	35.62	气象三要素
							水位仪
							水温仪
45	地下流体台	宁夏局	硝口台	设备更新	106.27	35.68	气相色谱仪
							水氡仪
46	地下流体台	青海局	格尔木台	设备更新	101.26	36.69	水温仪
47	地下流体台	青海局	平安台	设备更新	102.11	36.5	水位仪
48	地下流体台	青海局	佐署台	设备更新	101.72	36.55	水温仪
49	地下流体台	山东局	广饶鲁03井台	设备更新	118.44	37.23	水温仪
50	地下流体台	山东局	乐陵鲁26井台	设备更新	117.3	37.63	水位仪
							水温仪
51	地下流体台	山东局	枣庄鲁15井台	设备更新	117.41	34.89	水温仪
52	地下流体台	山西局	定襄台	设备更新	113	38.42	水氡仪
53	地下流体台	山西局	红崖头台	设备更新	113.12	37.11	水位仪
							水温仪
							气象三要素
54	地下流体台	山西局	鸦儿坑台	设备更新	112.62	38.22	水位仪
							水温仪
							气象三要素
55	地下流体台	陕西局	凤翔台	设备更新	107.33	34.64	水位仪
							水温仪
56	地下流体台	陕西局	华阴台	设备更新	110	34.5	水氡仪
							气象三要素
57	地下流体台	陕西局	陇县台	设备更新	106.7	34.97	水氡仪
58	地下流体台	陕西局	勉县台	设备更新	106.83	33.21	水氡仪

序号	台站类型	所属单位	台站名称	建设类型	经度/°	纬度/°	仪器类型
59	地下流体台	陕西局	周至台	设备更新	108.32	32.12	氡气仪
60	地下流体台	上海局	扬子中学台	设备更新	121.4	31.63	水位仪
							水温仪
61	地下流体台	上海局	长兴岛台	设备更新	121.66	31.41	水位仪
							水温仪
62	地下流体台	四川局	姑咱台	设备更新	102.17	30.12	水汞仪
							水氡仪
63	地下流体台	四川局	理塘地热区台	设备更新	100.28	29.84	水温仪
							水温仪
							水温仪
							水温仪
64	地下流体台	台网中心	化学量比测中心	设备更新	116.17	40.07	高精度水汞仪
							氡气仪
							辅助设备
							流气式氡气源
65	地下流体台	西藏局	拉萨台	设备更新	91.02	29.63	水位仪
66	地下流体台	新疆局	博乐新32井台	设备更新	82.38	44.09	水位仪
67	地下流体台	新疆局	富蕴新37井台	设备更新	89.58	46.97	水位仪
							水氡仪
68	地下流体台	新疆局	伽师新55井台	设备更新	79.73	39.74	水位仪
69	地下流体台	新疆局	呼图壁新21泉台	设备更新	86.57	41.73	水温仪
70	地下流体台	新疆局	沙湾新25泉台	设备更新	85.38	43.84	水温仪
71	地下流体台	新疆局	沙湾新26泉台	设备更新	85.45	44.17	水位仪
72	地下流体台	新疆局	塔什库尔干新60井台	设备更新	75.21	37.85	水温仪
73	地下流体台	新疆局	吐鲁番新42泉台	设备更新	89.58	46.97	水位仪
74	地下流体台	新疆局	魏家泉新05井台	设备更新	87.86	44.09	水位仪
75	地下流体台	新疆局	魏家泉新06井台	设备更新	87.86	44.1	水位仪
76	地下流体台	新疆局	乌苏新33井台	设备更新	84.15	44.63	水温仪
77	地下流体台	云南局	龙陵地热区台	设备更新	98.67	24.66	水温仪
							水温仪
							水温仪
							水温仪
							水温仪
							水温仪
							水温仪
							水温仪
							水温仪
							水温仪
78	地下流体台	重庆局	巴南安澜台	设备更新	106.6	29.25	水温仪

表 1-9　地球化学区域观测中心台站参数

序号	台站类型	所属单位	台站名称	建设类型	经度/°	纬度/°	仪器类型
1	地下流体中心台站	福建局	福州	改造	119.27	26.09	高精度测氡仪
							气相色谱仪
							水质分析仪
							便携式气相色谱仪
							流气式氡气源
2	地下流体中心台站	山东局	聊城	改造	116.04	36.43	高精度测氡仪
							气相色谱仪
							水质分析仪
							便携式气相色谱仪
3	地下流体中心台站	安徽局	庐江台	改造	117.08	31.33	高精度测氡仪
							气相色谱仪
							水质分析仪
							便携式气相色谱仪
4	地下流体中心台站	甘肃局	平凉台	改造	106.69	35.55	高精度测氡仪
							气相色谱仪
							水质分析仪
							便携式气相色谱仪
							水氡仪
							流气式氡气源
5	地下流体中心台站	新疆局	乌鲁木齐	改造	87.55	46.85	高精度测氡仪
							气相色谱仪
							水质分析仪
							便携式气相色谱仪
							水氡仪
							流气式氡气源
6	地下流体中8心台站	北京局	五里营	改造	115.90	40.50	高精度测氡仪
							气相色谱仪
							水质分析仪
							便携式气相色谱仪
7	地下流体中心台站	四川局	西昌台	改造	102.26	27.85	高精度测氡仪
							气相色谱仪
							水质分析仪
							便携式气相色谱仪
							水氡仪
							流气式氡气源
8	地下流体中心台站	云南局	下关台	改造	100.18	25.56	高精度测氡仪
							气相色谱仪
							水质分析仪

续表

序号	台站类型	所属单位	台站名称	建设类型	经度/°	纬度/°	仪器类型
8	地下流体中心台站	云南局	下关台	改造	100.18	25.56	便携式气相色谱仪
							水氡仪
							流气式氡气源
9	地下流体中心台站	山西局	夏县台	改造	111.24	35.12	高精度测氡仪
							气相色谱仪
							水质分析仪
							便携式气相色谱仪
10	地下流体中心台站	吉林局	长白山站	改造	128.07	42.07	高精度测氡仪
							气相色谱仪
							水质分析仪
							便携式气相色谱仪

7. 强震动台网建设

强震动台网新建台站 240 个（图 1-10），包括在重点监视区内台站空白区新建 80 个区域强震动台，首都圈预警强震动台网新建 80 个台站（表 1-10），兰州预警强震动台网新建 80 个台站（表 1-11）。区域强震动台网新建台站参数见表 1-12。

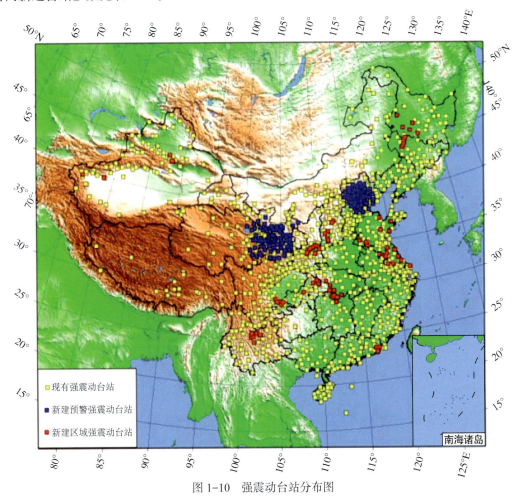

图 1-10　强震动台站分布图

表 1-10 首都圈预警强震动台网新建台站参数

序号	台网	台网代码	台站名称	高程/m	加速度计	数据采集器	场地条件	传输信道	供电方式
1	河北	HE	三河燕郊	23	SLJ-100	REFTEK130-REN	土层	光纤	市电
2	河北	HE	三河段甲岭	32	SLJ-100	REFTEK130-REN	土层	光纤	市电
3	河北	HE	三河皇庄	24	SLJ-100	REFTEK130-REN	土层	光纤	市电
4	河北	HE	香河五百户	20	SLJ-100	REFTEK130-REN	土层	光纤	市电
5	河北	HE	广阳万庄镇	37	SLJ-100	REFTEK130-REN	土层	光纤	市电
6	河北	HE	霸州王庄子	15	SLJ-100	REFTEK130-REN	土层	光纤	市电
7	河北	HE	固安牛驼镇	9	SLJ-100	REFTEK130-REN	土层	光纤	市电
8	河北	HE	永清别古庄	13	SLJ-100	REFTEK130-REN	土层	光纤	市电
9	河北	HE	黄骅南排河	2	SLJ-100	REFTEK130-REN	土层	光纤	市电
10	河北	HE	沧州西	2	SLJ-100	REFTEK130-REN	土层	光纤	市电
11	河北	HE	任丘麻家坞	2	SLJ-100	REFTEK130-REN	土层	光纤	市电
12	河北	HE	肃宁师素	43	SLJ-100	REFTEK130-REN	土层	光纤	市电
13	河北	HE	滦南青坨营	27	SLJ-100	REFTEK130-REN	土层	光纤	市电
14	河北	HE	滦南南堡	1	SLJ-100	REFTEK130-REN	土层	光纤	市电
15	河北	HE	玉田大安镇	31	SLJ-100	REFTEK130-REN	土层	光纤	市电
16	河北	HE	玉田杨家套	15	SLJ-100	REFTEK130-REN	土层	光纤	市电
17	河北	HE	迁西尹庄	116	SLJ-100	REFTEK130-REN	基岩	光纤	市电
18	河北	HE	兴隆半壁山	384	SLJ-100	REFTEK130-REN	基岩	光纤	市电
19	河北	HE	承德下板城	260	SLJ-100	REFTEK130-REN	基岩	光纤	市电
20	河北	HE	隆化蓝旗镇	819	SLJ-100	REFTEK130-REN	基岩	光纤	市电
21	河北	HE	滦平长山峪	681	SLJ-100	REFTEK130-REN	基岩	光纤	市电
22	河北	HE	丰宁选将营	1025	SLJ-100	REFTEK130-REN	基岩	光纤	市电
23	河北	HE	丰宁五道营	1146	SLJ-100	REFTEK130-REN	基岩	光纤	市电
24	河北	HE	丰宁胡麻营	493	SLJ-100	REFTEK130-REN	土层	光纤	市电
25	河北	HE	清苑孙村	20	SLJ-100	REFTEK130-REN	土层	光纤	市电
26	河北	HE	望都固店	48	SLJ-100	REFTEK130-REN	土层	光纤	市电
27	河北	HE	易县梁格庄	171	SLJ-100	REFTEK130-REN	土层	光纤	市电
28	河北	HE	易县独乐	159	SLJ-100	REFTEK130-REN	基岩	光纤	市电
29	河北	HE	涿州高官庄	33	SLJ-100	REFTEK130-REN	土层	光纤	市电
30	河北	HE	涿州东城坊	63	SLJ-100	REFTEK130-REN	土层	光纤	市电
31	河北	HE	雄县朱各庄	20	SLJ-100	REFTEK130-REN	土层	光纤	市电
32	河北	HE	定兴北河	21	SLJ-100	REFTEK130-REN	土层	光纤	市电
33	河北	HE	涞源乌龙沟	736	SLJ-100	REFTEK130-REN	基岩	光纤	市电
34	河北	HE	唐县倒马关	416	SLJ-100	REFTEK130-REN	基岩	光纤	市电
35	河北	HE	沽源小厂	1497	SLJ-100	REFTEK130-REN	土层	光纤	市电
36	河北	HE	涿鹿卧佛寺	1103	SLJ-100	REFTEK130-REN	土层	光纤	市电

序号	台网	台网代码	台站名称	高程/m	加速度计	数据采集器	场地条件	传输信道	供电方式
37	河北	HE	涿鹿蟒石口	596	SLJ-100	REFTEK130-REN	基岩	光纤	市电
38	河北	HE	宣化东阳城	1158	SLJ-100	REFTEK130-REN	土层	光纤	市电
39	河北	HE	宣化东望山	1040	SLJ-100	REFTEK130-REN	土层	光纤	市电
40	河北	HE	蔚县白乐	922	SLJ-100	REFTEK130-REN	土层	光纤	市电
41	河北	HE	阳原井儿沟	950	SLJ-100	REFTEK130-REN	土层	光纤	市电
42	河北	HE	万全郭磊庄	761	SLJ-100	REFTEK130-REN	土层	光纤	市电
43	河北	HE	赤城东卯	543	SLJ-100	REFTEK130-REN	基岩	光纤	市电
44	河北	HE	赤城雕鄂	797	SLJ-100	REFTEK130-REN	基岩	光纤	市电
45	河北	HE	赤城镇宁堡	1231	SLJ-100	REFTEK130-REN	土层	光纤	市电
46	河北	HE	怀来王家楼	972	SLJ-100	REFTEK130-REN	基岩	光纤	市电
47	河北	HE	怀来小南辛堡	1029	SLJ-100	REFTEK130-REN	基岩	光纤	市电
48	河北	HE	崇礼驿马图	1173	SLJ-100	REFTEK130-REN	基岩	光纤	市电
49	天津	TJ	马申桥	9	SLJ-100	REFTEK130-REN	基岩	光纤	市电
50	天津	TJ	邦均	20	SLJ-100	REFTEK130-REN	土层	无线	市电
51	天津	TJ	大白	3	SLJ-100	REFTEK130-REN	土层	光纤	市电
52	天津	TJ	崔黄口	3	SLJ-100	REFTEK130-REN	土层	光纤	市电
53	天津	TJ	大碱厂	2	SLJ-100	REFTEK130-REN	土层	光纤	市电
54	天津	TJ	清河农场	-2	SLJ-100	REFTEK130-REN	土层	光纤	市电
55	天津	TJ	中北镇	-1	SLJ-100	REFTEK130-REN	土层	无线	市电
56	天津	TJ	独流	-2	SLJ-100	REFTEK130-REN	土层	光纤	市电
57	天津	TJ	双塘	-1	SLJ-100	REFTEK130-REN	土层	无线	市电
58	天津	TJ	王口	1	SLJ-100	REFTEK130-REN	土层	光纤	市电
59	北京	BJ	安定镇	27	SLJ-100	REFTEK130-REN	土层	无线	市电
60	北京	BJ	玻璃台	547	SLJ-100	REFTEK130-REN	土层	无线	市电
61	北京	BJ	宝水村	1149	SLJ-100	REFTEK130-REN	土层	无线	市电
62	北京	BJ	宝山镇	320	SLJ-100	REFTEK130-REN	土层	无线	市电
63	北京	BJ	大城子	238	SLJ-100	REFTEK130-REN	土层	无线	市电
64	北京	BJ	清水村	502	SLJ-100	REFTEK130-REN	土层	无线	市电
65	北京	BJ	发电站	210	SLJ-100	REFTEK130-REN	土层	无线	市电
66	北京	BJ	喇叭沟门	468	SLJ-100	REFTEK130-REN	土层	无线	市电
67	北京	BJ	老峪沟	761	SLJ-100	REFTEK130-REN	土层	无线	市电
68	北京	BJ	马池口	63	SLJ-100	REFTEK130-REN	土层	无线	市电
69	北京	BJ	牛栏山	44	SLJ-100	REFTEK130-REN	土层	光纤	市电
70	北京	BJ	南梨园	51	SLJ-100	REFTEK130-REN	土层	无线	市电
71	北京	BJ	石城镇	155	SLJ-100	REFTEK130-REN	土层	无线	市电
72	北京	BJ	山东庄	46	SLJ-100	REFTEK130-REN	土层	无线	市电

序号	台网	台网代码	台站名称	高程/m	加速度计	数据采集器	场地条件	传输信道	供电方式
73	北京	BJ	四海镇	659	SLJ-100	REFTEK130-REN	土层	无线	市电
74	北京	BJ	史家营	670	SLJ-100	REFTEK130-REN	土层	无线	市电
75	北京	BJ	新城子	358	SLJ-100	REFTEK130-REN	土层	无线	市电
76	北京	BJ	溪翁庄镇	106	SLJ-100	REFTEK130-REN	土层	无线	市电
77	北京	BJ	红星中学	65	SLJ-100	REFTEK130-REN	土层	无线	市电
78	北京	BJ	军饷村	326	SLJ-100	REFTEK130-REN	土层	无线	市电
79	北京	BJ	张坊中学	90	SLJ-100	REFTEK130-REN	土层	无线	市电
80	北京	BJ	长子营	15	SLJ-100	REFTEK130-REN	土层	无线	市电

表 1-11 兰州预警强震动台网新建台站参数

序号	台网	台网代码	台站名称	高程/m	加速度计	数据采集器	场地条件	传输信道	供电方式
1	甘肃	GS	他家庄	1941	SLJ-100	REFTEK130-REN	土层	无线	市电
2	甘肃	GS	重兴乡	1472	SLJ-100	REFTEK130-REN	土层	无线	市电
3	甘肃	GS	本康村	2341	SLJ-100	REFTEK130-REN	土层	无线	市电
4	甘肃	GS	上河东	2772	SLJ-100	REFTEK130-REN	土层	无线	市电
5	甘肃	GS	中川村	2341	SLJ-100	REFTEK130-REN	土层	无线	市电
6	甘肃	GS	胡麻水	1437	SLJ-100	REFTEK130-REN	土层	无线	市电
7	甘肃	GS	新回中	1812	SLJ-100	REFTEK130-REN	土层	无线	市电
8	甘肃	GS	梁坪社	2131	SLJ-100	REFTEK130-REN	土层	无线	市电
9	甘肃	GS	旧庄沟	2609	SLJ-100	REFTEK130-REN	土层	无线	市电
10	甘肃	GS	大庄小	1410	SLJ-100	REFTEK130-REN	土层	无线	市电
11	甘肃	GS	韩院乡	1717	SLJ-100	REFTEK130-REN	土层	无线	市电
12	甘肃	GS	李家河	1915	SLJ-100	REFTEK130-REN	土层	无线	市电
13	甘肃	GS	关卜村	2328	SLJ-100	REFTEK130-REN	土层	无线	市电
14	甘肃	GS	西林社	2368	SLJ-100	REFTEK130-REN	土层	无线	市电
15	甘肃	GS	欧拉乡	3400	SLJ-100	REFTEK130-REN	土层	无线	市电
16	甘肃	GS	欧派所	3483	SLJ-100	REFTEK130-REN	土层	无线	市电
17	甘肃	GS	北峰村	2539	SLJ-100	REFTEK130-REN	土层	光纤	市电
18	甘肃	GS	农丰村	2418	SLJ-100	REFTEK130-REN	土层	光纤	市电
19	甘肃	GS	马莲水	2044	SLJ-100	REFTEK130-REN	土层	光纤	市电
20	甘肃	GS	西源村	1324	SLJ-100	REFTEK130-REN	土层	光纤	市电
21	甘肃	GS	大拉牌	1590	SLJ-100	REFTEK130-REN	土层	光纤	市电
22	甘肃	GS	罗家川	1660	SLJ-100	REFTEK130-REN	土层	光纤	市电
23	甘肃	GS	种田乡	1985	SLJ-100	REFTEK130-REN	土层	光纤	市电
24	甘肃	GS	东宁村	1727	SLJ-100	REFTEK130-REN	土层	光纤	市电
25	甘肃	GS	河畔镇	1620	SLJ-100	REFTEK130-REN	土层	光纤	市电

续表

序号	台网	台网代码	台站名称	高程/m	加速度计	数据采集器	场地条件	传输信道	供电方式
26	甘肃	GS	柴家门	1652	SLJ-100	REFTEK130-REN	土层	光纤	市电
27	甘肃	GS	涧沟村	1679	SLJ-100	REFTEK130-REN	土层	光纤	市电
28	甘肃	GS	接官亭	1676	SLJ-100	REFTEK130-REN	土层	光纤	市电
29	甘肃	GS	团庄村	1812	SLJ-100	REFTEK130-REN	土层	光纤	市电
30	甘肃	GS	中窑村	1723	SLJ-100	REFTEK130-REN	土层	光纤	市电
31	甘肃	GS	高家崖	1679	SLJ-100	REFTEK130-REN	土层	光纤	市电
32	甘肃	GS	化家营	1834	SLJ-100	REFTEK130-REN	土层	光纤	市电
33	甘肃	GS	胡家坝	1660	SLJ-100	REFTEK130-REN	土层	光纤	市电
34	甘肃	GS	刘家湾	1836	SLJ-100	REFTEK130-REN	土层	光纤	市电
35	甘肃	GS	武胜驿	2341	SLJ-100	REFTEK130-REN	土层	光纤	市电
36	甘肃	GS	仁和村	1630	SLJ-100	REFTEK130-REN	土层	光纤	市电
37	甘肃	GS	平安乡	2128	SLJ-100	REFTEK130-REN	土层	光纤	市电
38	甘肃	GS	红堡镇	1331	SLJ-100	REFTEK130-REN	土层	光纤	市电
39	甘肃	GS	蔡家寺	1246	SLJ-100	REFTEK130-REN	土层	光纤	市电
40	甘肃	GS	祁政府	1476	SLJ-100	REFTEK130-REN	土层	光纤	市电
41	甘肃	GS	香泉镇	2097	SLJ-100	REFTEK130-REN	土层	光纤	市电
42	甘肃	GS	榜罗小学	1954	SLJ-100	REFTEK130-REN	土层	光纤	市电
43	甘肃	GS	会川镇	2257	SLJ-100	REFTEK130-REN	土层	光纤	市电
44	甘肃	GS	牛头沟	1932	SLJ-100	REFTEK130-REN	土层	光纤	市电
45	甘肃	GS	老庄村	2454	SLJ-100	REFTEK130-REN	土层	光纤	市电
46	甘肃	GS	鸡儿台	1771	SLJ-100	REFTEK130-REN	土层	光纤	市电
47	甘肃	GS	和政疗	2454	SLJ-100	REFTEK130-REN	土层	光纤	市电
48	甘肃	GS	肖红坪	2342	SLJ-100	REFTEK130-REN	土层	光纤	市电
49	甘肃	GS	新城镇	2772	SLJ-100	REFTEK130-REN	土层	光纤	市电
50	甘肃	GS	王格塘	2755	SLJ-100	REFTEK130-REN	土层	光纤	市电
51	甘肃	GS	博拉乡	2913	SLJ-100	REFTEK130-REN	土层	光纤	市电
52	甘肃	GS	立节村	1569	SLJ-100	REFTEK130-REN	土层	光纤	市电
53	甘肃	GS	卡坝乡	2082	SLJ-100	REFTEK130-REN	土层	光纤	市电
54	甘肃	GS	尕海卫	3442	SLJ-100	REFTEK130-REN	土层	光纤	市电
55	青海	QH	全家湾	2903	SLJ-100	REFTEK130-REN	基岩	光纤	市电
56	青海	QH	药水滩	2928	SLJ-100	REFTEK130-REN	土层	无线	市电
57	青海	QH	文都	2537	SLJ-100	REFTEK130-REN	基岩	无线	太阳能
58	青海	QH	化隆	3146	SLJ-100	REFTEK130-REN	基岩	无线+有线	太阳能
59	青海	QH	珠固	2693	SLJ-100	REFTEK130-REN	基岩	无线	市电
60	青海	QH	皇城	3065	SLJ-100	REFTEK130-REN	土层	无线	市电
61	青海	QH	海晏	3132	SLJ-100	REFTEK130-REN	土层	无线	市电

序号	台网	台网代码	台站名称	高程/m	加速度计	数据采集器	场地条件	传输信道	供电方式
62	青海	QH	三角城羊场	3266	SLJ-100	REFTEK130-REN	土层	无线	市电
63	青海	QH	常牧	2508	SLJ-100	REFTEK130-REN	土层	无线	市电
64	青海	QH	过马营	3081	SLJ-100	REFTEK130-REN	土层	无线	市电
65	青海	QH	河北	3424	SLJ-100	REFTEK130-REN	土层	无线	市电
66	青海	QH	泽库	3666	SLJ-100	REFTEK130-REN	土层	无线	市电
67	青海	QH	尖扎滩	3275	SLJ-100	REFTEK130-REN	土层	无线	市电
68	青海	QH	多哇	3184	SLJ-100	REFTEK130-REN	基岩	无线	市电
69	青海	QH	赛尔龙	3222	SLJ-100	REFTEK130-REN	土层	无线	市电
70	宁夏	NX	红羊	1600	SLJ-100	REFTEK130-REN	土层	无线	市电
71	宁夏	NX	王民	1767	SLJ-100	REFTEK130-REN	土层	无线	市电
72	宁夏	NX	红泉	1830	SLJ-100	REFTEK130-REN	基岩	光纤	市电
73	宁夏	NX	郑旗	1624	SLJ-100	REFTEK130-REN	土层	无线	市电
74	宁夏	NX	盐池	1336	SLJ-100	REFTEK130-REN	基岩	光纤	市电
75	宁夏	NX	泾源	1906	SLJ-100	REFTEK130-REN	基岩	光纤	市电
76	宁夏	NX	海子峡	1940	SLJ-100	REFTEK130-REN	土层	无线	市电
77	宁夏	NX	隆德	2073	SLJ-100	REFTEK130-REN	土层	无线	市电
78	宁夏	NX	甘塘	1245	SLJ-100	REFTEK130-REN	土层	无线	市电
79	宁夏	NX	惠安堡	1355	SLJ-100	REFTEK130-REN	土层	无线	市电
80	宁夏	NX	炭山	2108	SLJ-100	REFTEK130-REN	基岩	光纤	市电

表 1-12 区域强震动台网新建台站参数

序号	台网	台网代码	台站名称	高程/m	加速度计	数据采集器	场地条件	传输信道	供电方式
1	陕西	SN	黄村	643	SLJ-100	EDAS-24GN	土层	光纤	市电
2	陕西	SN	兴平	474	SLJ-100	EDAS-24GN	土层	无线无线	市电
3	陕西	SN	礼泉	524	SLJ-100	EDAS-24GN	土层	有线	市电
4	陕西	SN	铜川	659	SLJ-100	EDAS-24GN	土层	光纤	市电
5	陕西	SN	白水	791	SLJ-100	EDAS-24GN	土层	无线无线	市电
6	陕西	SN	澄城	670	SLJ-100	EDAS-24GN	土层	有线	市电
7	陕西	SN	桥南	692	SLJ-100	EDAS-24GN	土层	有线	市电
8	陕西	SN	薛镇	761	SLJ-100	EDAS-24GN	基岩	光纤	市电
9	陕西	SN	范家	431	SLJ-100	EDAS-24GN	土层	有线	市电
10	陕西	SN	赵渡	330	SLJ-100	EDAS-24GN	土层	有线	市电
11	黑龙江	HL	望奎	192	SLJ-100	EDAS-24GN	土层	光纤	市电
12	黑龙江	HL	林甸	160	SLJ-100	EDAS-24GN	土层	光纤	市电
13	黑龙江	HL	大庆	144	SLJ-100	EDAS-24GN	土层	光纤	市电
14	黑龙江	HL	肇东	300	SLJ-100	EDAS-24GN	土层	光纤	市电

序号	台网	台网代码	台站名称	高程/m	加速度计	数据采集器	场地条件	传输信道	供电方式
15	黑龙江	HL	阿城	163	SLJ-100	EDAS-24GN	土层	光纤	市电
16	山西	SX	晋祠	948	SLJ-100	EDAS-24GN	基岩	无线	市电
17	山西	SX	交城	780	SLJ-100	EDAS-24GN	土层	无线	市电
18	山西	SX	汾西	1062	SLJ-100	EDAS-24GN	土层	无线	市电
19	山西	SX	蒲县	993	SLJ-100	EDAS-24GN	基岩	无线	市电
20	山西	SX	襄汾	438	SLJ-100	EDAS-24GN	土层	无线	市电
21	山西	SX	曲沃	452	SLJ-100	EDAS-24GN	土层	无线	市电
22	吉林	JL	宝甸	135	SLJ-100	EDAS-24GN	土层	无线	市电+太阳能
23	吉林	JL	达里巴	133	SLJ-100	EDAS-24GN	土层	无线	市电+太阳能
24	吉林	JL	东三家子	140	SLJ-100	EDAS-24GN	土层	无线	市电+太阳能
25	吉林	JL	风华	135	SLJ-100	EDAS-24GN	土层	无线	市电+太阳能
26	吉林	JL	乌兰塔拉	147	SLJ-100	EDAS-24GN	土层	无线	市电+太阳能
27	江苏	JS	启东圆陀角	4	SLJ-100	EDAS-24GN	土层	无线	市电
28	江苏	JS	洪泽高涧	7	SLJ-100	EDAS-24GN	土层	无线	市电
29	江苏	JS	如东栟茶	1	SLJ-100	EDAS-24GN	土层	无线	市电
30	江苏	JS	大丰联丰	0	SLJ-100	EDAS-24GN	土层	无线	市电
31	江苏	JS	射阳淡水养殖场	3	SLJ-100	EDAS-24GN	土层	无线	市电
32	江苏	JS	金湖	8	SLJ-100	EDAS-24GN	土层	无线	市电
33	江苏	JS	仪征	41	SLJ-100	EDAS-24GN	基岩	无线	市电
34	江苏	JS	丰县	30	SLJ-100	EDAS-24GN	土层	无线	市电
35	江苏	JS	泗洪	26	SLJ-100	EDAS-24GN	基岩	无线	市电
36	江苏	JS	灌南	9	SLJ-100	EDAS-24GN	土层	无线	市电
37	江苏	JS	扬中	3	SLJ-100	EDAS-24GN	土层	无线	市电
38	江苏	JS	楚州	7	SLJ-100	EDAS-24GN	土层	无线	市电
39	山东	SD	圈里	251	TDA-33M	EDAS-24GN	土层	无线	市电
40	山东	SD	胶南	50	TDA-33M	EDAS-24GN	土层	无线	市电
41	山东	SD	鱼台	29	TDA-33M	EDAS-24GN	土层	光纤	市电
42	山东	SD	东城	10	TDA-33M	EDAS-24GN	土层	无线	市电
43	山东	SD	牡丹	24	TDA-33M	EDAS-24GN	土层	无线	市电
44	山东	SD	莱西	58	TDA-33M	EDAS-24GN	土层	无线	市电
45	湖北	HB	石首	91	BBAS-2	EDAS-24GN	基岩	光纤	市电
46	湖北	HB	松滋	39	BBAS-2	EDAS-24GN	基岩	光纤	市电
47	湖北	HB	宜都	946	BBAS-2	EDAS-24GN	基岩	光纤	市电
48	湖北	HB	兴山	357	BBAS-2	EDAS-24GN	基岩	光纤	市电
49	湖北	HB	宜昌	36	BBAS-2	EDAS-24GN	基岩	光纤	市电
50	湖南	HN	石门	123	TDA-33M	TDE-324CI	基岩	光纤	市电

续表

序号	台网	台网代码	台站名称	高程/m	加速度计	数据采集器	场地条件	传输信道	供电方式
51	湖南	HN	临澧	82	TDA–33M	TDE–324CI	土层	光纤	市电
52	湖南	HN	澧县	39	TDA–33M	TDE–324CI	土层	光纤	市电
53	湖南	HN	安乡	31	TDA–33M	TDE–324CI	土层	光纤	市电
54	湖南	HN	汉寿	32	TDA–33M	TDE–324CI	土层	光纤	市电
55	广东	GD	汕头潮阳	22	TDA–33M	TDE–324CI	土层	无线	市电
56	广东	GD	汕头东里	8	TDA–33M	TDE–324CI	土层	无线	市电
57	广东	GD	汕头田心	11	TDA–33M	TDE–324CI	土层	无线	市电
58	广东	GD	揭阳惠来	26	TDA–33M	TDE–324CI	土层	无线	市电
59	广东	GD	揭阳揭东	30	TDA–33M	TDE–324CI	土层	无线	市电
60	四川	SC	自贡长山	431	SLJ–100	TDE–324CI	土层	无线	太阳能
61	四川	SC	自贡九洪	330	SLJ–100	TDE–324CI	基岩	无线	市电
62	四川	SC	宜宾南溪	266	SLJ–100	TDE–324CI	土层	无线	市电
63	四川	SC	宜宾观音	314	SLJ–100	TDE–324CI	基岩	无线	太阳能
64	四川	SC	自贡代寺	331	SLJ–100	TDE–324CI	土层	无线	市电+太阳能
65	云南	YN	南华	1856	SLJ–100	TDE–324CI	土层	无线	市电
66	云南	YN	大姚	1879	SLJ–100	TDE–324CI	土层	无线	市电
67	云南	YN	姚安	1868	SLJ–100	TDE–324CI	土层	无线	市电
68	云南	YN	武定	1770	SLJ–100	TDE–324CI	土层	无线	市电
69	云南	YN	元谋	1106	SLJ–100	TDE–324CI	土层	无线	市电
70	云南	YN	双柏	1970	SLJ–100	TDE–324CI	土层	无线	市电
71	云南	YN	牟定	1766	SLJ–100	TDE–324CI	土层	无线	市电
72	新疆	XJ	喀什一级电站	1561	SLJ–100	EDAS–24GN	土层	无线	太阳能
73	新疆	XJ	巴楚	1121	SLJ–100	EDAS–24GN	土层	无线	市电
74	新疆	XJ	米东新区	485	SLJ–100	EDAS–24GN	土层	无线	市电
75	新疆	XJ	达坂城	1106	SLJ–100	EDAS–24GN	土层	无线	市电
76	新疆	XJ	盐湖	1085	SLJ–100	EDAS–24GN	土层	无线	太阳能
77	重庆	CQ	巫山建坪	1317	SLJ–100	EDAS–24GN	基岩	光纤	市电
78	重庆	CQ	奉节国土	297	SLJ–100	EDAS–24GN	基岩	光纤	市电
99	重庆	CQ	忠县国土	333	SLJ–100	EDAS–24GN	土层	光纤	市电
80	重庆	CQ	巫溪红池坝	1351	SLJ–100	EDAS–24GN	土层	光纤	市电

（二）科学探测系统

本项目在"十五"建设的600套地震仪系统基础上，由中国地震局地球物理勘探中心新建400套宽频带地震仪系统和100套高频流动地震仪系统。以适应国家地震事业的规划需求，争取在2020年前完成对全国重点地震震害防御区的壳幔结构的探测，科学台阵相关设备及检查检测见图1-11~图1-13。

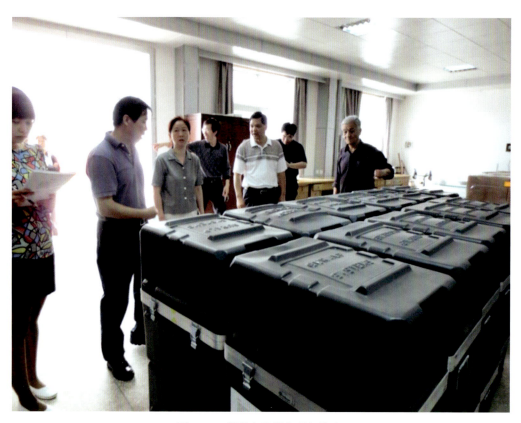

图 1-11　科学台阵设备现场检查

图 1-12　科学台阵相关设备

图 1-13　设备检测

（三）数据处理与加工系统

数据处理与加工系统建设数据中心 2 个，即测震台网数据处理中心、前兆台网数据处理中心。包括购置测震、重力、地磁、地壳形变、地电、地下流体等 6 个系统数据处理设备及相应软件开发与应用。

1. 测震台网中心

在"十五"中国数字地震观测网络项目测震台网中心建设的基础上，基于地震活动性、地下结构和地球物理基本场等科学研究成果，建立并完善地震活动图像处理软件、地下物性结构成像处理软件、地壳应力场成像处理软件，初步形成获取覆盖我国大陆和海域的地震活动图像、地下物性结构图像和应力场等地震背景场能力。技术流程见图1–14。

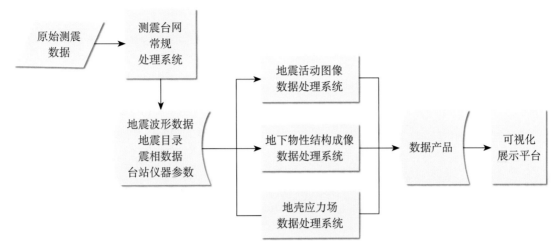

图 1–14 测震台网数据处理系统技术流程

2. 前兆台网中心

前兆台网中心建设内容包括产品存储管理、数据处理与产品加工、产品可视化展示三部分（图1–15）。通过前兆台网中心的建设，实现对重力、地磁、地壳形变、地电、地下流体等5个地球物理、地球化学背景场观测台网产出的大量观测数据的深层次加工，提供反映地球物理、地球化学场正常动态变化的背景场产品，以及反映地震多发区地震孕育过程中地球物理、地球化学场时空动态变化的背景场产品，使这些宝贵的观测数据最大限度地发挥其作用，为地震、气象环境减灾和国防建设以及科学研究服务。

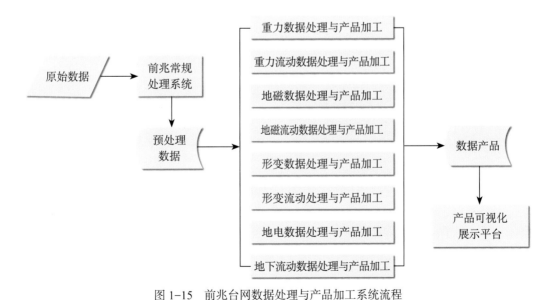

图 1–15 前兆台网数据处理与产品加工系统流程

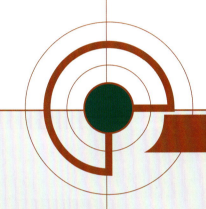

第二篇
项目管理

一、组织机构、管理架构

在中国地震局的领导下，项目建立了较为完备的管理机构，加强了项目实施的组织协调，保障了项目的顺利实施。

根据国家重大基本建设项目管理的有关规定和要求，中国地震背景场探测项目实行项目法人制、责任人负责制以及"三师四办"的管理模式。项目责任人代表项目法人对项目涉及的全部工作进行有效管理，对整个项目的质量、进度、采购、合同等承担相关责任，确保实现任务目标。"三师"在项目责任人的领导下开展工作，总设计师科学负责，总工程师技术负责，总会计师财务负责。在"三师"的基础上，设立了项目办公室（简称项目办）、总设计师办公室（简称总设办）、总工程师办公室（简称总工办）和总会计师办公室（简称总会办）等管理机构（图2-1）。

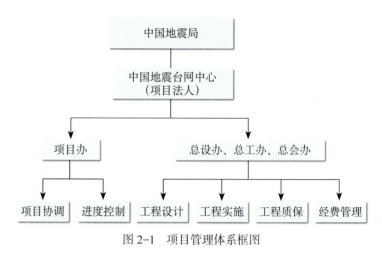

图2-1　项目管理体系框图

2009年4月，中国地震局印发中震函〔2009〕85号、中震函〔2009〕86号文，成立了中国地震背景场探测项目管理机构。项目法人台网中心根据中国地震局文件精神，明确了项目成员（后因工作需要，相关责任人及"三师四办"相关人员进行了调整）。

相关文件如下：

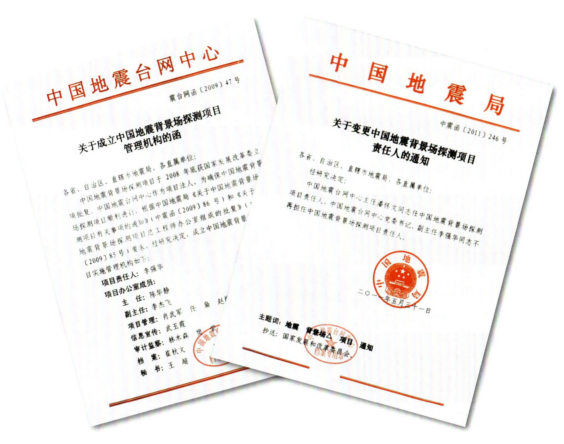

二、重要文件

（一）项目启动及批复阶段

1. 建议书上报及批复

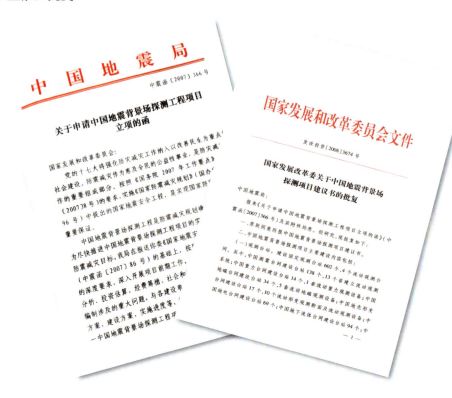

2. 可研报告上报及批复

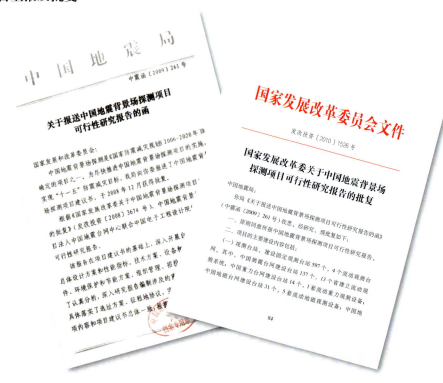

3. 土地预审报告及备案

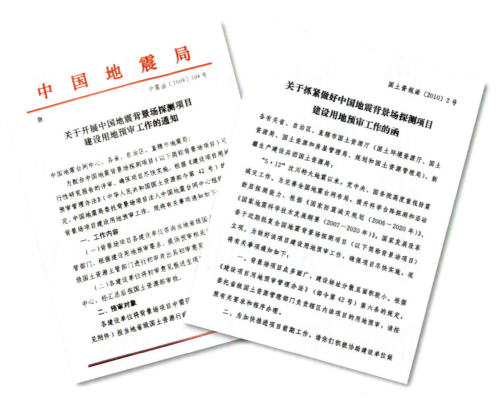

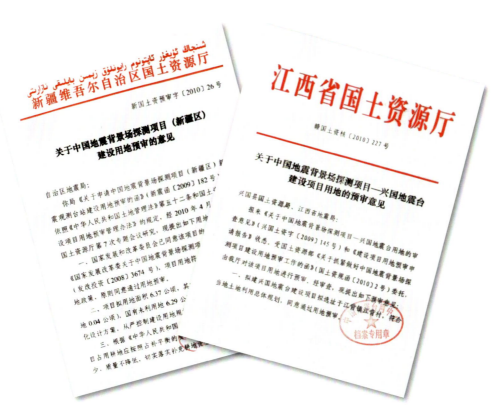

4. 环评报告及批复

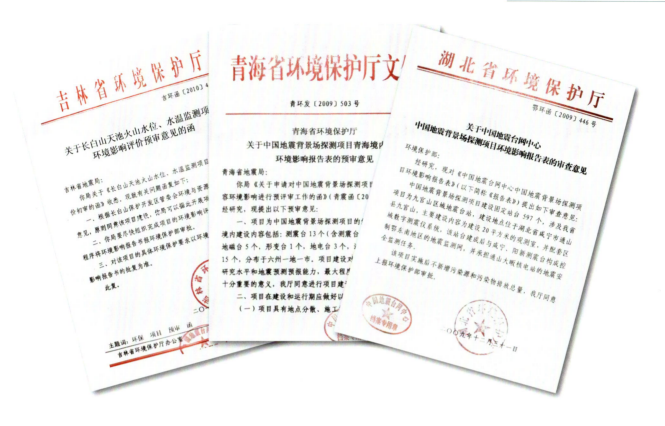

5. 初步设计及投资概算批复

（二）项目实施阶段

在项目实施阶段，按照中国地震背景场探测项目管理办法规定，印发了一系列相关文件（图2-2），完成了设备招标测试、前兆设备采购、卫星通信系统测试、商务谈判和采购合同签订，根据项目实施规划，开展了中期检查、项目调整和试运行等工作。

图2-2　勘选工作相关文件

1. 台站勘选

为推进项目实施，项目办根据台站建设技术标准与规范制定了背景场项目台站勘选技术指南（图2-3）。

图 2-3　勘选技术指南

2. 设备采购、测试及合同签订

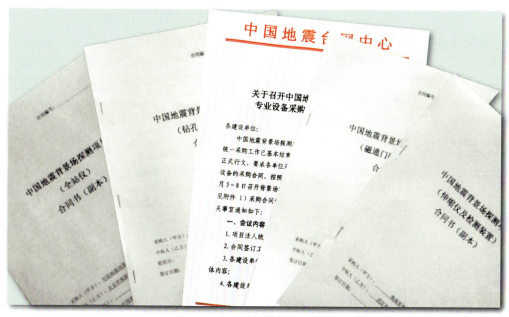

图 2-4　前兆专业设备函签合同

3. 中期检查文件

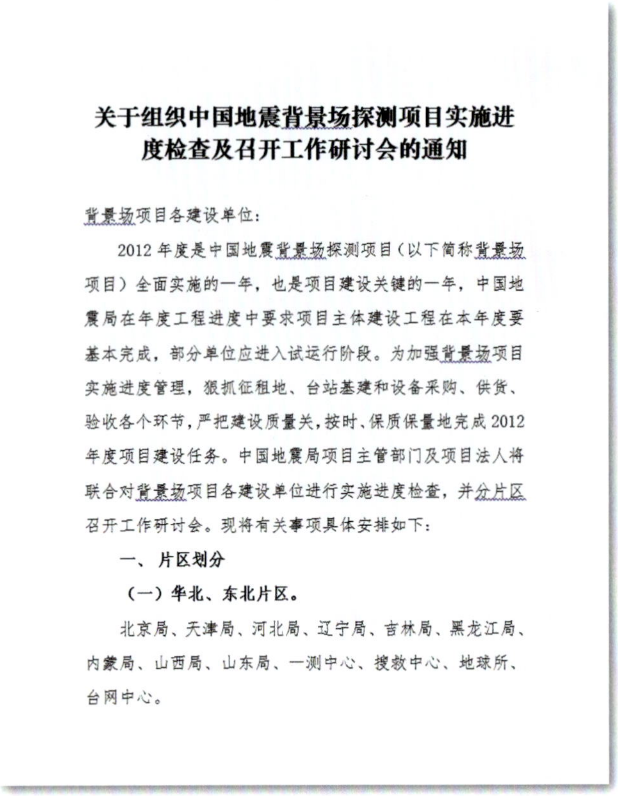

关于组织中国地震背景场探测项目实施进
度检查及召开工作研讨会的通知

背景场项目各建设单位：

2012 年度是中国地震背景场探测项目（以下简称背景场
项目）全面实施的一年，也是项目建设关键的一年，中国地
震局在年度工程进度中要求项目主体建设工程在本年度要
基本完成，部分单位应进入试运行阶段。为加强背景场项目
实施进度管理，狠抓征租地、台站基建和设备采购、供货、
验收各个环节，严把建设质量关，按时、保质保量地完成 2012
年度项目建设任务。中国地震局项目主管部门及项目法人将
联合对背景场项目各建设单位进行实施进度检查，并分片区
召开工作研讨会。现将有关事项具体安排如下：

一、片区划分

（一）华北、东北片区。

北京局、天津局、河北局、辽宁局、吉林局、黑龙江局、
内蒙局、山西局、山东局、一测中心、搜救中心、地球所、
台网中心。

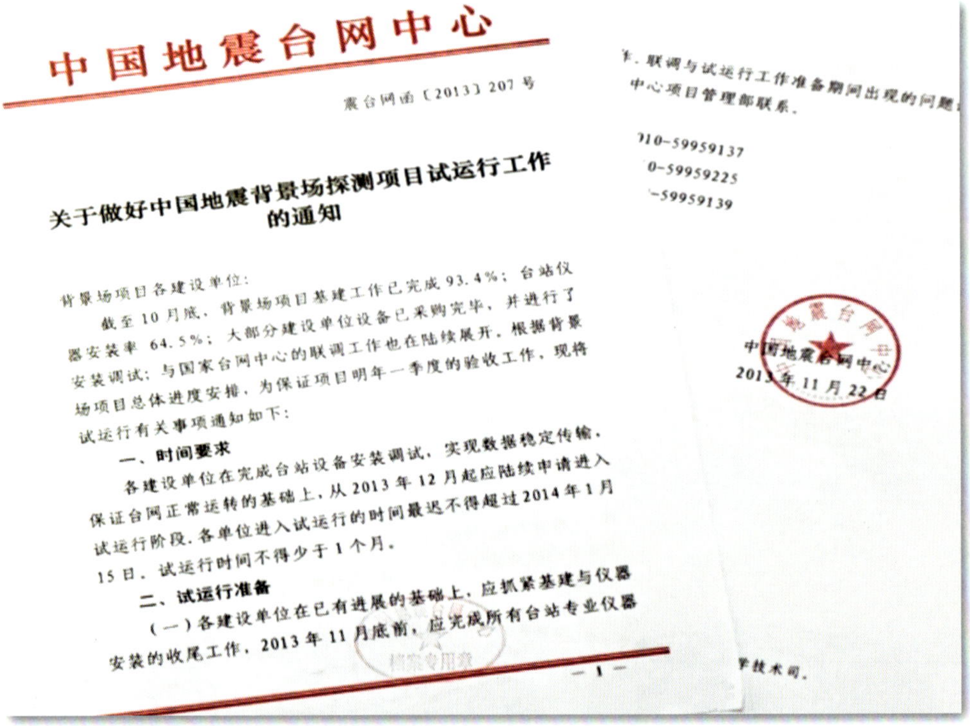

中国地震台网中心

震台网函〔2013〕207 号

关于做好中国地震背景场探测项目试运行工作
的通知

背景场项目各建设单位：

截至 10 月底，背景场项目基建工作已完成 93.4%；台站仪
器安装率 64.5%；大部分建设单位设备已采购完毕，并进行了
安装调试；与国家台网中心的联调工作也在陆续展开。根据背景
场项目总体进度安排，为保证项目明年一季度的验收工作，现将
试运行有关事项通知如下：

一、时间要求

各建设单位在完成台站设备安装调试，实现数据稳定传输，
保证台网正常运转的基础上，从 2013 年 12 月起应陆续申请进入
试运行阶段，各单位进入试运行的时间最迟不得超过 2014 年 1 月
15 日。试运行时间不得少于 1 个月。

二、试运行准备

（一）各建设单位在已有进展的基础上，应抓紧基建与仪器
安装的收尾工作，2013 年 11 月底前，应完成所有台站专业仪器

四、联调与试运行工作准备期间出现的问题与
中心项目管理部联系。

010-59959137
0-59959225
-59959139

中国地震台网中心
2013 年 11 月 22 日

— 1 —

图 2-5　开展试运行工作的通知

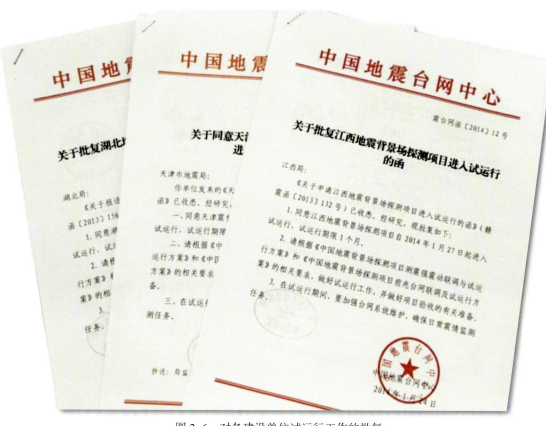

图 2-6　对各建设单位试运行工作的批复

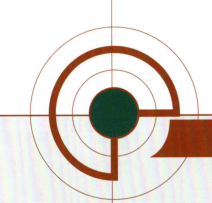

第三篇
工程建设

一、勘选阶段

为确保中国地震背景场探测项目实施工作的顺利开展，在中国地震局的领导下，项目法人单位中国地震台网中心，根据中央投资基本建设项目可行性报告要求，进行了精心组织、统筹安排，科学求实、加强协调，全力以赴做好项目实施方案的编写、组织协调和条件保障等工作。同时，及时组织专家编制了《中国地震背景场探测项目台站勘选工作方案》和各观测学科台站场址勘选技术指南，2009年4月7日，中国地震台网中心组织召开项目专家组会议，讨论背景场项目各学科台站勘选技术指南及勘选培训事宜。先后在北京、海南、浙江等地相继组织举办了测震、强震动、地下流体台站场址勘选技术指南培训班，启动了中国地震背景场探测项目台站建设的前期勘选工作。

截至2009年8月，除西藏、青海等地小孔径台阵等个别台站因当地环境、天气等原因未完成勘选外，各建设单位项目台站勘选工作按照预定时间和技术要求完成全部勘选任务。整个台站勘选工作共涉及32个建设单位、7个学科，共勘选了602个台站，其中新建勘选370个，升级改造232个。

通过台站现场勘选，在反复论证、审核的基础上，台站数目由原计划勘选602个调整为595个，其相应的建设内容与实施方案也进行了部分调整。

完成整体项目台站勘选工作后，受中国地震局委托，中国地震台网中心牵头，于2009年9月底正式向国家发改委提交《中国地震背景场探测项目实施计划任务书》。

背景场项目台站勘选汇总情况见表3-1～表3-10。

表3-1　背景场项目新建测震台站勘选情况

序号	台网	台站	属性	岩性	噪声类别	区域类别	勘选结果
1	安徽	亳州	区域	井下	II	C	合格
2	重庆	红池坝	区域	灰岩	II	C	合格
3	重庆	平凯	区域	灰岩	I	C	合格
4	福建	永泰富泉	区域	花岗岩	II	D	合格
5	福建	漳平永福	区域	花岗岩	II	C	合格
6	福建	平潭澳前	海岛	花岗岩	I	E	合格
7	广东	德庆	区域	花岗岩	III	C	合格
8	广东	南鹏岛	海岛	砂岩	I	E	合格
9	甘肃	昌马	区域	泥沙岩	I	A	合格
10	甘肃	古浪	区域	砂岩	I	A	合格
11	甘肃	碌曲	国家	灰岩	I	A	合格
12	广西	德保	国家	灰岩	I	B	合格
13	广西	龙胜	区域	灰岩	II	B	合格
14	广西	全州	区域	石灰岩	I	B	合格
15	广西	融安	区域	灰岩	II	B	合格
16	广西	昭平	区域	灰岩	I	B	合格
17	广西	斜阳岛	海岛	火山灰砾岩	IV	E	合格
18	贵州	晴隆	区域	花岗岩	II	B	合格
19	贵州	盘县	区域	花岗岩	III	B	合格

续表

序号	台网	台站	属性	岩性	噪声类别	区域类别	勘选结果
20	河南	鹤壁	区域	灰岩	II	B	合格
21	河南	开封	区域	土层	III	B	合格
22	河南	商水	区域	土层	III	B	合格
23	河南	鲁山	区域	花岗岩	I	B	合格
24	湖北	九宫山	区域	花岗岩	II	C	合格
25	河北	秋树坪	国家	花岗岩	I	C	合格
26	河北	尚义	区域	花岗岩	III	D	合格
27	河北	滦县	区域	花岗岩	II	C	合格
28	河北	蔚县	区域	石英岩	II	C	合格
29	宁夏	炭山	区域	花岗岩	II	A	合格
30	海南	临高台	区域	玄武岩	III	D	合格
31	海南	九所	区域	花岗岩	III	D	合格
32	黑龙江	同江	国家	花岗岩	I	A	合格
33	黑龙江	望奎	区域	泥岩	II	A	合格
34	黑龙江	饶河	区域	花岗岩	I	A	合格
35	湖南	浏阳	区域	石英砂岩	II	B	合格
36	吉林	汪清	区域	花岗岩	I	B	合格
37	吉林	临江	区域	花岗岩	I	B	合格
38	江苏	大丰	区域	松散沉积	III	D	合格
39	江苏	阳光岛	区域	松散沉积	III	E	合格
40	江西	兴国	区域	花岗岩	I	B	合格
41	辽宁	大鹿岛	区域	灰岩	I	B	合格
42	辽宁	建平	区域	花岗岩	I	B	合格
43	内蒙古	巴拉嘎尔高勒	区域	玄武岩	II	A	合格
44	内蒙古	策克口岸	国家	砂砾岩	II	A	合格
45	内蒙古	大沁他拉	区域	玄武岩	II	A	合格
46	内蒙古	额肯呼都格	区域	花岗闪长岩	I	A	合格
47	内蒙古	呼吉日诺尔	区域	砂砾岩	II	A	合格
48	内蒙古	满都拉	区域	砂砾岩	I	A	合格
49	内蒙古	满都拉图	区域	花岗岩	I	A	合格
50	内蒙古	二连浩特	国家	花岗岩	I	A	合格
51	内蒙古	乌力吉	国家	花岗闪长岩	II	A	合格
52	内蒙古	乌里雅斯太	区域	玄武岩	I	A	合格
53	青海	乌兰	区域	灰岩	I	A	合格
54	青海	乌图美仁	区域	片麻岩	I	A	合格
55	青海	达日	区域	砂岩	I	A	合格
56	青海	久治	区域	砂岩	I	A	合格
57	青海	清水河	区域	板岩	I	A	合格
58	青海	囊谦	区域	砂岩	I	A	合格

中国地震背景场探测项目建设与管理

续表

序号	台网	台站	属性	岩性	噪声类别	区域类别	勘选结果
59	青海	河南	区域	砂岩	Ⅰ	A	合格
60	青海	冷湖	国家	花岗岩	Ⅰ	A	合格
61	青海	曲麻莱	国家	板岩	Ⅰ	A	合格
62	山东	朝连岛	区域	灰岩	Ⅱ	C	合格
63	山东	周村	区域	花岗岩	Ⅱ	E	合格
64	陕西	定边	区域	砂岩	Ⅱ	B	合格
65	陕西	横山	区域	砂岩	Ⅱ	B	合格
66	新疆	喀纳斯	国家	片麻岩	Ⅰ	A	合格
67	新疆	民丰	国家	砂岩	Ⅰ	A	合格
68	新疆	三十里营房	国家	花岗岩	Ⅰ	A	合格
69	新疆	塔中	国家	石膏岩	Ⅰ	A	合格
70	新疆	裕民	区域	灰岩	Ⅰ	A	合格
71	新疆	伊吾	区域	花岗岩	Ⅰ	A	合格
72	新疆	鄯善	区域	变质岩	Ⅰ	A	合格
73	新疆	麦盖提	区域	井下	Ⅰ	A	合格
74	新疆	瓦石峡	区域	井下	Ⅱ	A	合格
75	西藏	错那	国家	砂砾岩	Ⅱ	A	合格
76	西藏	丁青	国家	砂砾岩	Ⅱ	A	合格
77	西藏	日土	国家	变质岩	Ⅰ	A	合格
78	西藏	仲巴	国家	变质岩	Ⅲ	A	合格
79	西藏	尼玛	区域	变质岩	Ⅲ	A	合格
80	西藏	双湖	区域	变质岩	Ⅱ	A	合格
81	西藏	珠峰	区域	变质岩	Ⅲ	A	合格
82	云南	镇沅	国家	砂岩	Ⅰ	B	合格
83	浙江	松阳	区域	玄武岩	Ⅱ	C	合格
84	浙江	仙居	区域	凝灰岩	Ⅱ	D	合格
85	浙江	南麂岛	海岛	花岗岩	Ⅱ	E	合格

表 3-2　背景场项目新建强震动台站勘选信息

序号	台网	台站	场地条件	建设类型	勘选结果
1	陕西	黄村	土层	区域台	合格
2	陕西	兴平	土层	区域台	合格
3	陕西	礼泉	土层	区域台	合格
4	陕西	铜川	土层	区域台	合格
5	陕西	白水	土层	区域台	合格
6	陕西	澄城	土层	区域台	合格
7	陕西	桥南	土层	区域台	合格
8	陕西	薛镇	基岩	区域台	合格
9	陕西	范家	土层	区域台	合格

048

序号	台网	台站	场地条件	建设类型	勘选结果
10	陕西	赵渡	土层	区域台	合格
11	黑龙江	望奎	土层	区域台	合格
12	黑龙江	林甸	土层	区域台	合格
13	黑龙江	大庆	土层	区域台	合格
14	黑龙江	肇东	土层	区域台	合格
15	黑龙江	阿城	土层	区域台	合格
16	山西	晋祠	基岩	区域台	合格
17	山西	交城	土层	区域台	合格
18	山西	汾西	土层	区域台	合格
19	山西	蒲县	基岩	区域台	合格
20	山西	襄汾	土层	区域台	合格
21	山西	曲沃	土层	区域台	合格
22	吉林	宝甸	土层	区域台	合格
23	吉林	达里巴	土层	区域台	合格
24	吉林	东三家子	土层	区域台	合格
25	吉林	风华	土层	区域台	合格
26	吉林	乌兰塔拉	土层	区域台	合格
27	江苏	启东圆陀角	土层	区域台	合格
28	江苏	洪泽高涧	土层	区域台	合格
29	江苏	如东栟茶	土层	区域台	合格
30	江苏	大丰联丰	土层	区域台	合格
31	江苏	射阳淡水养殖场	土层	区域台	合格
32	江苏	金湖	土层	区域台	合格
33	江苏	仪征	基岩	区域台	合格
34	江苏	丰县	土层	区域台	合格
35	江苏	泗洪	基岩	区域台	合格
36	江苏	灌南	土层	区域台	合格
37	江苏	扬中	土层	区域台	合格
38	江苏	楚州	土层	区域台	合格
39	山东	圈里	土层	区域台	合格
40	山东	胶南	土层	区域台	合格
41	山东	鱼台	土层	区域台	合格
42	山东	东城	土层	区域台	合格
43	山东	牡丹	土层	区域台	合格
44	山东	莱西	土层	区域台	合格
45	湖北	石首	基岩	区域台	合格
46	湖北	松滋	基岩	区域台	合格
47	湖北	宜都	基岩	区域台	合格
48	湖北	兴山	基岩	区域台	合格

续表

序号	台网	台站	场地条件	建设类型	勘选结果
49	湖北	宜昌	基岩	区域台	合格
50	湖南	石门	基岩	区域台	合格
51	湖南	临澧	土层	区域台	合格
52	湖南	澧县	土层	区域台	合格
53	湖南	安乡	土层	区域台	合格
54	湖南	汉寿	土层	区域台	合格
55	广东	汕头潮阳	土层	区域台	合格
56	广东	汕头东里	土层	区域台	合格
57	广东	汕头田心	土层	区域台	合格
58	广东	揭阳惠来	土层	区域台	合格
59	广东	揭阳揭东	土层	区域台	合格
60	四川	自贡长山	土层	区域台	合格
61	四川	自贡九洪	基岩	区域台	合格
62	四川	宜宾南溪	土层	区域台	合格
63	四川	宜宾观音	基岩	区域台	合格
64	四川	自贡代寺	土层	区域台	合格
65	云南	南华	土层	区域台	合格
66	云南	大姚	土层	区域台	合格
67	云南	姚安	土层	区域台	合格
68	云南	武定	土层	区域台	合格
69	云南	元谋	土层	区域台	合格
70	云南	双柏	土层	区域台	合格
71	云南	牟定	土层	区域台	合格
72	新疆	喀什一级电站	土层	区域台	合格
73	新疆	巴楚	土层	区域台	合格
74	新疆	米东新区	土层	区域台	合格
75	新疆	达坂城	土层	区域台	合格
76	新疆	盐湖	土层	区域台	合格
77	重庆	巫山建坪	基岩	区域台	合格
78	重庆	奉节国土	基岩	区域台	合格
99	重庆	忠县国土	土层	区域台	合格
80	重庆	巫溪红池坝	土层	区域台	合格

表 3-3　背景场项目重力台网台站勘选信息

序号	台站类型	单位	建设性质	台站	勘选结果
1	相对重力台站	黑龙江局	新建	漠河	合格
2	相对重力台站	宁夏局	新建	海原	合格
3	相对重力台站	广西局	新建	凭祥	合格
4	相对重力台站	四川局	新建	自贡	合格

续表

序号	台站类型	单位	建设性质	台站	勘选结果
5	相对重力台站	云南局	新建	孟连	合格
6	相对重力台站	青海局	新建	玛沁	合格
7	相对重力台站	湖北局	改造	宜昌	合格
8	相对重力台站	上海局	改造	佘山	合格
9	相对重力台站	广东局	改造	深圳	合格
10	相对重力台站	四川局	改造	姑咱	合格
11	相对重力台站	四川局	改造	小庙	合格
12	相对重力台站	云南局	改造	下关	合格
13	相对重力台站	西藏局	改造	狮泉河	合格
14	相对重力台站	青海局	改造	格尔木	合格
15	流动重力台网	湖北局	新、改建	60	合格
16	流动重力台网	搜救中心	新、改建	80	合格
17	流动重力台网	一测中心	新、改建	80	合格
18	流动重力台网	二测中心	新、改建	80	合格

表 3-4　背景场项目地磁台网台站勘选信息

序号	台站	台站类别	建设类型	所属单位	勘选结果
1	且末	基准	新建	新疆局	合格
2	锡林浩特	基准	新建	内蒙古局	合格
3	涉县	基准	新建	河北局	合格
4	浙西	基准	新建	浙江局	合格
5	重庆	基准	新建	重庆局	合格
6	丽江	基准	新建	云南局	合格
7	乾陵	基准	新建	陕西局	合格
8	大同	基本	新建	山西局	合格
9	松潘	基本	新建	四川局	合格
10	江油	基本	新建	四川局	合格
11	巴塘	基本	新建	四川局	合格
12	道孚	基本	新建	四川局	合格
13	马边	基本	新建	四川局	合格
14	巴中	基本	新建	四川局	合格
15	勐腊	基本	新建	云南局	合格
16	盈江	基本	新建	云南局	合格
17	景谷	基本	新建	云南局	合格
18	云龙	基本	新建	云南局	合格
19	西盟	基本	新建	云南局	合格
20	富源	基本	新建	云南局	合格
21	马关	基本	新建	云南局	合格
22	武都	基本	新建	甘肃局	合格

序号	台站	台站类别	建设类型	所属单位	勘选结果
23	玛曲	基本	新建	甘肃局	合格
24	合作	基本	新建	甘肃局	合格
25	肃北	基本	新建	甘肃局	合格
26	德令哈	基本	新建	青海局	合格
27	都兰	基本	新建	青海局	合格
28	天峻	基本	新建	青海局	合格
29	兴海	基本	新建	青海局	合格
30	大柴旦	基本	新建	青海局	合格
31	永兴岛	基本	新建	海南局	合格

表3-5　背景场项目形变台网台站勘选信息

序号	台站	台站类型	建设性质	所属单位	勘选结果
1	乌加河	基准台站	改造	内蒙古局	合格
2	营口	基准台站	改造	辽宁局	合格
3	牡丹江	基准台站	改造	黑龙江局	合格
4	湖州	基准台站	改造	浙江局	合格
5	莆田	基准台站	改造	福建局	合格
6	泰安	基准台站	改造	山东局	合格
7	乾陵	基准台站	改造	陕西局	合格
8	兰州	基准台站	改造	甘肃局	合格
9	格尔木	基准台站	改造	青海局	合格
10	库尔勒	基准台站	改造	新疆局	合格
11	乌什	基准台站	改造	新疆局	合格
12	嘉祥	基准台站	新建	山东局	合格
13	五指山	基准台站	新建	海南局	合格
14	天全	基准台站	新建	四川局	合格
15	狮泉河	基准台站	新建	西藏局	合格
16	安西	基准台站	新建	甘肃局	合格
17	武都	基准台站	新建	甘肃局	合格

表3-6　背景场项目地电台网台站勘选信息

序号	台站	建设类型		单位	勘选结果
		地电场	地电阻率		
1	阜新	新建	新建	辽宁局	合格
2	和平	新建	改造	广东局	合格
3	文昌	新建	/	海南局	合格
4	琼中	新建	/	海南局	合格
5	红池坝	新建	/	重庆局	合格
6	江油	新建	改造	四川局	合格

续表

序号	台站	建设类型		单位	勘选结果
		地电场	地电阻率		
7	元谋	新建	/	云南局	合格
8	祥云	新建	新建	云南局	合格
9	玛曲	新建	新建	甘肃局	合格
10	门源	新建	新建	青海局	合格
11	西宁	新建	新建	青海局	合格
12	德令哈	新建	新建	青海局	合格
13	广平	新建	/	河北局	合格
14	滦县	新建	/	河北局	合格
15	延庆	改造	改造	北京局	合格
16	宝坻	改造	改造	天津局	合格
17	静海	改造	/	天津局	合格
18	后土桥	改造	改造	河北局	合格
19	阳原	改造	改造	河北局	合格
20	兴济	改造	改造	河北局	合格
21	乌加河	改造	改造	内蒙古局	合格
22	榆树	改造	改造	吉林局	合格
23	崇明	改造	/	上海局	合格
24	蒙城	改造	改造	安徽局	合格
25	武汉	改造	/	湖北局	合格
26	兰州	改造	改造	甘肃局	合格
27	嘉峪关	改造	改造	甘肃局	合格
28	银川	改造	改造	宁夏局	合格
29	呼和浩特	/	新建	内蒙古局	合格
30	满洲里	/	新建	内蒙古局	合格
31	肥东	/	新建	安徽局	合格
32	同心	/	新建	宁夏局	合格
33	海原	/	新建	宁夏局	合格
34	柯坪	/	新建	新疆局	合格
35	平谷	/	新建	北京局	合格
36	塘沽	/	改造	天津局	合格
37	徐庄子	/	改造	天津局	合格
38	大柏舍	/	改造	河北局	合格
39	太原	/	改造	山西局	合格
40	新城子	/	改造	辽宁局	合格
41	义县	/	改造	辽宁局	合格
42	四平	/	改造	吉林局	合格
43	南京	/	改造	江苏局	合格
44	新沂	/	改造	江苏局	合格

序号	台站	建设类型		单 位	勘选结果
		地电场	地电阻率		
45	海安	/	改造	江苏局	合格
46	江宁	/	改造	江苏局	合格
47	嘉山	/	改造	安徽局	合格
48	安庆	/	改造	安徽局	合格
49	郯城	/	改造	山东局	合格
50	潢川	/	改造	河南局	合格
51	成都	/	改造	四川局	合格
52	小庙	/	改造	四川局	合格
53	腾冲	/	改造	云南局	合格
54	乾陵	/	改造	陕西局	合格
55	宝鸡	/	改造	陕西局	合格
56	平凉	/	改造	甘肃局	合格
57	武都	/	改造	甘肃局	合格
58	天水	/	改造	甘肃局	合格
59	临夏	/	改造	甘肃局	合格
60	通渭	/	改造	甘肃局	合格
61	四〇四	/	改造	甘肃局	合格
62	定西	/	改造	甘肃局	合格
63	固原	/	改造	宁夏局	合格

表 3-7　背景场项目流体台网台站勘选信息

序号	台站	台站类型	建设性质	所属单位	勘选结果
1	长白山综合观测站	基本台	新建	吉林局	合格
2	武汉九峰	基本台	新建	湖北局	合格
3	乌鲁木齐红雁池	基本台	新建	新疆局	合格
4	赤峰	基本站	新建	内蒙古局	合格
5	克什克腾	基本台	新建	内蒙古局	合格
6	化学量比测中心	基本台	改造	台网中心	合格
7	五大连池	基本台	改造	黑龙江局	合格
8	四平台	基本台	改造	吉林局	合格
9	金州西点井	基本台	改造	辽宁局	合格
10	辽阳庆阳井	基本台	改造	辽宁局	合格
11	甘南	基本台	改造	黑龙江局	合格
12	北安台	基本台	改造	黑龙江局	合格
13	宾县台	基本台	改造	黑龙江局	合格
14	前郭台	基本台	改造	吉林局	合格
15	盘锦台	基本台	改造	辽宁局	合格
16	阿尔山	基本台	改造	内蒙古局	合格

序号	台站	台站类型	建设性质	所属单位	勘选结果
17	凉城台	基本台	改造	内蒙古局	合格
18	鸦儿坑	基本台	改造	山西局	合格
19	红崖头	基本台	改造	山西局	合格
20	陇县	基本台	改造	陕西局	合格
21	枣庄鲁15井	基本台	改造	山东局	合格
22	广饶鲁03井	基本台	改造	山东局	合格
23	乐陵鲁26井	基本台	改造	山东局	合格
24	香泉台	基本台	改造	安徽局	合格
25	五河女山井	基本台	改造	安徽局	合格
26	霍山33井	基本台	改造	安徽局	合格
27	扬子中学台	基本台	改造	上海局	合格
28	寻乌台	基本台	改造	江西局	合格
29	修水台	基本台	改造	江西局	合格
30	华安汰内	基本台	改造	福建局	合格
31	永安	基本台	改造	福建局	合格
32	粤05井	基本台	改造	广东局	合格
33	汕头	基本台	改造	广东局	合格
34	新宁	基本台	改造	湖南局	合格
35	鹤壁台	基本台	改造	河南局	合格
36	杞县豫14井	基本台	改造	河南局	合格
37	金华豫12井	基本台	改造	河南局	合格
38	巴南安澜	基本台	改造	重庆局	合格
39	拉萨	基本台	改造	西藏局	合格
40	平安	基本台	改造	青海局	合格
41	佐署	基本台	改造	青海局	合格
42	格尔木台	基本台	改造	青海局	合格
43	街子台	基本台	改造	甘肃局	合格
44	武都台	基本台	改造	甘肃局	合格
45	静宁	基本台	改造	甘肃局	合格
46	清水台	基本台	改造	甘肃局	合格
47	甘肃局流体中心	基本台	改造	甘肃局	合格
48	呼图壁新21泉	基本台	改造	新疆局	合格
49	沙湾新26泉	基本台	改造	新疆局	合格
50	魏家泉新05井	基本台	改造	新疆局	合格
51	乌苏新33井	基本台	改造	新疆局	合格
52	沙湾新25泉	基本台	改造	新疆局	合格
53	塔什库尔干新60井	基本台	改造	新疆局	合格
54	博乐新32井	基本台	改造	新疆局	合格
55	伽师新55井	基本台	改造	新疆局	合格

序号	台站	台站类型	建设性质	所属单位	勘选结果
56	吐鲁番新42泉	基本台	改造	新疆局	合格
57	魏家泉新06井	基本台	改造	新疆局	合格
58	富蕴新37井	基本台	改造	新疆局	合格
59	怀来台	基本台	改造	河北局	合格
60	金湖苏06井	基本台	改造	江苏局	合格
61	六盘山镇井	基本台	改造	宁夏局	合格
62	龙陵地热区	基本台	改造	云南局	合格
63	理塘地热区	基本台	改造	四川局	合格
64	定襄台	基本台	设备更新	山西局	合格
65	华阴	基本台	设备更新	陕西局	合格
66	周至台	基本台	设备更新	陕西局	合格
67	凤翔	基本台	设备更新	陕西局	合格
68	勉县	基本台	设备更新	陕西局	合格
69	宿豫苏05井	基本台	设备更新	江苏局	合格
70	句容苏16井	基本台	设备更新	江苏局	合格
71	武进苏19井	基本台	设备更新	江苏局	合格
72	长兴岛	基本台	设备更新	上海局	合格
73	闽侯旗山井	基本台	设备更新	福建局	合格
74	石埠	基本台	设备更新	广西局	合格
75	九塘	基本台	设备更新	广西局	合格
76	海口	基本台	设备更新	海南局	合格
77	九江	基本台	设备更新	江西局	合格
78	潭牛	基本台	设备更新	海南局	合格
79	襄樊万山	基本台	设备更新	湖北局	合格
80	姑咱	基本台	设备更新	四川局	合格
81	望奎台	基本台	设备更新	黑龙江局	合格
82	红羊	基本台	设备更新	宁夏局	合格
83	硝口	基本台	设备更新	宁夏局	合格
84	乌鲁木齐	中心台	改造	新疆局	合格
85	庐江台	中心台	改造	安徽局	合格
86	平凉台	中心台	改造	甘肃局	合格
87	长白山站	中心台	改造	吉林局	合格
88	五里营	中心台	改造	北京局	合格
89	下关台	中心台	改造	云南局	合格
90	西昌台	中心台	改造	四川局	合格
91	聊城	中心台	改造	山东局	合格
92	福州	中心台	改造	福建局	合格
93	夏县台	中心台	改造	山西局	合格

表3-8　首都圈预警台网台站勘选信息

序号	台网	台站名称	场地条件	类型	勘选结果
1	河北	三河燕郊	土层	预警台	合格
2	河北	三河段甲岭	土层	预警台	合格
3	河北	三河皇庄	土层	预警台	合格
4	河北	香河五百户	土层	预警台	合格
5	河北	广阳万庄镇	土层	预警台	合格
6	河北	霸州王庄子	土层	预警台	合格
7	河北	固安牛驼镇	土层	预警台	合格
8	河北	永清别古庄	土层	预警台	合格
9	河北	黄骅南排河	土层	预警台	合格
10	河北	沧州西	土层	预警台	合格
11	河北	任丘麻家坞	土层	预警台	合格
12	河北	肃宁师素	土层	预警台	合格
13	河北	滦南青坨营	土层	预警台	合格
14	河北	滦南南堡	土层	预警台	合格
15	河北	玉田大安镇	土层	预警台	合格
16	河北	玉田杨家套	土层	预警台	合格
17	河北	迁西尹庄	基岩	预警台	合格
18	河北	兴隆半壁山	基岩	预警台	合格
19	河北	承德下板城	基岩	预警台	合格
20	河北	隆化蓝旗镇	基岩	预警台	合格
21	河北	滦平长山峪	基岩	预警台	合格
22	河北	丰宁选将营	基岩	预警台	合格
23	河北	丰宁五道营	基岩	预警台	合格
24	河北	丰宁胡麻营	土层	预警台	合格
25	河北	清苑孙村	土层	预警台	合格
26	河北	望都固店	土层	预警台	合格
27	河北	易县梁格庄	土层	预警台	合格
28	河北	易县独乐	基岩	预警台	合格
29	河北	涿州高官庄	土层	预警台	合格
30	河北	涿州东城坊	土层	预警台	合格
31	河北	雄县朱各庄	土层	预警台	合格
32	河北	定兴北河	土层	预警台	合格
33	河北	涞源乌龙沟	基岩	预警台	合格
34	河北	唐县倒马关	基岩	预警台	合格
35	河北	沽源小厂	土层	预警台	合格
36	河北	涿鹿卧佛寺	土层	预警台	合格
37	河北	涿鹿蟒石口	基岩	预警台	合格
38	河北	宣化东阳城	土层	预警台	合格
39	河北	宣化东望山	土层	预警台	合格
40	河北	蔚县白乐	土层	预警台	合格

序号	台网	台站名称	场地条件	类型	勘选结果
41	河北	阳原井儿沟	土层	预警台	合格
42	河北	万全郭磊庄	土层	预警台	合格
43	河北	赤城东卯	基岩	预警台	合格
44	河北	赤城雕鄂	基岩	预警台	合格
45	河北	赤城镇宁堡	土层	预警台	合格
46	河北	怀来王家楼	基岩	预警台	合格
47	河北	怀来小南辛堡	基岩	预警台	合格
48	河北	崇礼驿马图	基岩	预警台	合格
49	天津	马申桥	基岩	预警台	合格
50	天津	邦均	土层	预警台	合格
51	天津	大白	土层	预警台	合格
52	天津	崔黄口	土层	预警台	合格
53	天津	大碱厂	土层	预警台	合格
54	天津	清河农场	土层	预警台	合格
55	天津	中北镇	土层	预警台	合格
56	天津	独流	土层	预警台	合格
57	天津	双塘	土层	预警台	合格
58	天津	王口	土层	预警台	合格
59	北京	安定镇	土层	预警台	合格
60	北京	玻璃台	土层	预警台	合格
61	北京	宝水村	土层	预警台	合格
62	北京	宝山镇	土层	预警台	合格
63	北京	大城子	土层	预警台	合格
64	北京	清水村	土层	预警台	合格
65	北京	发电站	土层	预警台	合格
66	北京	喇叭沟门	土层	预警台	合格
67	北京	老峪沟	土层	预警台	合格
68	北京	马池口	土层	预警台	合格
69	北京	牛栏山	土层	预警台	合格
70	北京	南梨园	土层	预警台	合格
71	北京	石城镇	土层	预警台	合格
72	北京	山东庄	土层	预警台	合格
73	北京	四海镇	土层	预警台	合格
74	北京	史家营	土层	预警台	合格
75	北京	新城子	土层	预警台	合格
76	北京	溪翁庄镇	土层	预警台	合格
77	北京	红星中学	土层	预警台	合格
78	北京	军饷村	土层	预警台	合格
79	北京	张坊中学	土层	预警台	合格
80	北京	长子营	土层	预警台	合格

表 3-9　兰州预警台网台站勘选信息

序号	台网	台站	场地条件	建设类型	勘选结果
1	甘肃	他家庄	土层	预警台	合格
2	甘肃	重兴乡	土层	预警台	合格
3	甘肃	本康村	土层	预警台	合格
4	甘肃	上河东	土层	预警台	合格
5	甘肃	中川村	土层	预警台	合格
6	甘肃	胡麻水	土层	预警台	合格
7	甘肃	新回中	土层	预警台	合格
8	甘肃	梁坪社	土层	预警台	合格
9	甘肃	旧庄沟	土层	预警台	合格
10	甘肃	大庄小	土层	预警台	合格
11	甘肃	韩院乡	土层	预警台	合格
12	甘肃	李家河	土层	预警台	合格
13	甘肃	关卜村	土层	预警台	合格
14	甘肃	西林社	土层	预警台	合格
15	甘肃	欧拉乡	土层	预警台	合格
16	甘肃	欧派所	土层	预警台	合格
17	甘肃	北峰村	土层	预警台	合格
18	甘肃	农丰村	土层	预警台	合格
19	甘肃	马莲水	土层	预警台	合格
20	甘肃	西源村	土层	预警台	合格
21	甘肃	大拉牌	土层	预警台	合格
22	甘肃	罗家川	土层	预警台	合格
23	甘肃	种田乡	土层	预警台	合格
24	甘肃	东宁村	土层	预警台	合格
25	甘肃	河畔镇	土层	预警台	合格
26	甘肃	柴家门	土层	预警台	合格
27	甘肃	涧沟村	土层	预警台	合格
28	甘肃	接官亭	土层	预警台	合格
29	甘肃	团庄村	土层	预警台	合格
30	甘肃	中窑村	土层	预警台	合格
31	甘肃	高家崖	土层	预警台	合格
32	甘肃	化家营	土层	预警台	合格
33	甘肃	胡家坝	土层	预警台	合格
34	甘肃	刘家湾	土层	预警台	合格
35	甘肃	武胜驿	土层	预警台	合格
36	甘肃	仁和村	土层	预警台	合格
37	甘肃	平安乡	土层	预警台	合格
38	甘肃	红堡镇	土层	预警台	合格
39	甘肃	蔡家寺	土层	预警台	合格
40	甘肃	祁政府	土层	预警台	合格

序号	台网	台站	场地条件	建设类型	勘选结果
41	甘肃	香泉镇	土层	预警台	合格
42	甘肃	榜罗小学	土层	预警台	合格
43	甘肃	会川镇	土层	预警台	合格
44	甘肃	牛头沟	土层	预警台	合格
45	甘肃	老庄村	土层	预警台	合格
46	甘肃	鸡儿台	土层	预警台	合格
47	甘肃	和政疗	土层	预警台	合格
48	甘肃	肖红坪	土层	预警台	合格
49	甘肃	新城镇	土层	预警台	合格
50	甘肃	王格塘	土层	预警台	合格
51	甘肃	博拉乡	土层	预警台	合格
52	甘肃	立节村	土层	预警台	合格
53	甘肃	卡坝乡	土层	预警台	合格
54	甘肃	尕海卫	土层	预警台	合格
55	青海	全家湾	基岩	预警台	合格
56	青海	药水滩	土层	预警台	合格
57	青海	文都	基岩	预警台	合格
58	青海	化隆	基岩	预警台	合格
59	青海	珠固	基岩	预警台	合格
60	青海	皇城	土层	预警台	合格
61	青海	海晏	土层	预警台	合格
62	青海	三角城羊场	土层	预警台	合格
63	青海	常牧	土层	预警台	合格
64	青海	过马营	土层	预警台	合格
65	青海	河北	土层	预警台	合格
66	青海	泽库	土层	预警台	合格
67	青海	尖扎滩	土层	预警台	合格
68	青海	多哇	基岩	预警台	合格
69	青海	赛尔龙	土层	预警台	合格
70	宁夏	红羊	土层	预警台	合格
71	宁夏	王民	土层	预警台	合格
72	宁夏	红泉	基岩	预警台	合格
73	宁夏	郑旗	土层	预警台	合格
74	宁夏	盐池	基岩	预警台	合格
75	宁夏	泾源	基岩	预警台	合格
76	宁夏	海子峡	土层	预警台	合格
77	宁夏	隆德	土层	预警台	合格
78	宁夏	甘塘	土层	预警台	合格
79	宁夏	惠安堡	土层	预警台	合格
80	宁夏	炭山	基岩	预警台	合格

表 3-10　卫星升级改造国家台站信息

序号	台站	改造内容	台站类型	建设方式	所属单位
1	红山	卫星地面站	国家台地面型	改造	河北局
2	太原	卫星地面站	国家台地面型	改造	山西局
3	海拉尔	卫星地面站	国家台地面型	改造	内蒙古局
4	呼和浩特	卫星地面站	国家台地面型	改造	内蒙古局
5	锡林浩特	卫星地面站	国家台地面型	改造	内蒙古局
6	大连	卫星地面站	国家台地面型	改造	辽宁局
7	沈阳	卫星地面站	国家台地面型	改造	辽宁局
8	长春	卫星地面站	国家台地面型	改造	吉林局
9	宾县	卫星地面站	国家台地面型	改造	黑龙江局
10	黑河	卫星地面站	国家台地面型	改造	黑龙江局
11	牡丹江	卫星地面站	国家台地面型	改造	黑龙江局
12	佘山	卫星地面站	国家台地面型	改造	上海局
13	南京	卫星地面站	国家台地面型	改造	江苏局
14	温州	卫星地面站	国家台地面型	改造	浙江局
15	合肥	卫星地面站	国家台地面型	改造	安徽局
16	泉州	卫星地面站	国家台地面型	改造	福建局
17	南昌	卫星地面站	国家台地面型	改造	江西局
18	泰安	卫星地面站	国家台地面型	改造	山东局
19	洛阳	卫星地面站	国家台地面型	改造	河南局
20	恩施	卫星地面站	国家台地面型	改造	湖北局
21	武汉	卫星地面站	国家台地面型	改造	湖北局
22	长沙	卫星地面站	国家台地面型	改造	湖南局
23	广州	卫星地面站	国家台地面型	改造	广东局
24	桂林	卫星地面站	国家台地面型	改造	广西局
25	琼中	卫星地面站	国家台地面型	改造	海南局
26	西沙	卫星地面站	国家台地面型	改造	海南局
27	成都	卫星地面站	国家台地面型	改造	四川局
28	攀枝花	卫星地面站	国家台地面型	改造	四川局
29	贵阳	卫星地面站	国家台地面型	改造	云南局
30	昆明	卫星地面站	国家台地面型	改造	云南局
31	腾冲	卫星地面站	国家台地面型	改造	云南局
32	昌都	卫星地面站	国家台地面型	改造	西藏局
33	拉萨	卫星地面站	国家台地面型	改造	西藏局
34	那曲	卫星地面站	国家台地面型	改造	西藏局
35	安康	卫星地面站	国家台地面型	改造	陕西局
36	安西	卫星地面站	国家台地面型	改造	甘肃局
37	高台	卫星地面站	国家台地面型	改造	甘肃局
38	兰州	卫星地面站	国家台地面型	改造	甘肃局
39	格尔木	卫星地面站	国家台地面型	改造	青海局
40	花土沟	卫星地面站	国家台地面型	改造	青海局

序号	台站	改造内容	台站类型	建设方式	所属单位
41	银川	卫星地面站	国家台地面型	改造	宁夏局
42	和田	卫星地面站	国家台地面型	改造	新疆局
43	喀什	卫星地面站	国家台地面型	改造	新疆局
44	乌鲁木齐	卫星地面站	国家台地面型	改造	新疆局
45	乌什	卫星地面站	国家台地面型	改造	新疆局
46	白家疃	卫星地面站	国家台地面型	改造	地球所
47	深圳	卫星地面站	国家台地面型	改造	驻深办

台站开展勘选工作情况见图 3-1~图 3-4。

图 3-1　测震台站台址勘选背景噪声测试现场

图 3-2　强震动台站台址勘选数据记录现场

图 3-3 河北涉县地磁台室外勘选现场　　　　图 3-4 甘肃安溪形变台野外勘选现场

二、施工设计

根据中国地震背景场探测项目初步设计技术方案要求，在中国地震局领导和中国地震台网中心统一部署下，各项目建设单位根据任务要求，严格执行《中国测震台网技术规程》、《中国强震动台网技术规程》、《电磁观测台网技术规程》、《大地形变观测技术规程》和《地下流体台网台站技术规程》以及《地震台站建设规范》，开展中国地震背景场探测项目实施技术方案工程设计。

大部分建设单位根据初设（代施工设计）方案开展台站施工建设，而未另行编制施工设计单位（如新疆等）则根据初步设计的主要内容，结合当地实际情况进行了细化和调整，编制了详细的施工图进行施工建设。

测震台站仪器房由仪器观测室与地震计摆房组成，新建台站仪器房进行了具体施工图纸设计，部分示意图见图 3-5～图 3-18。

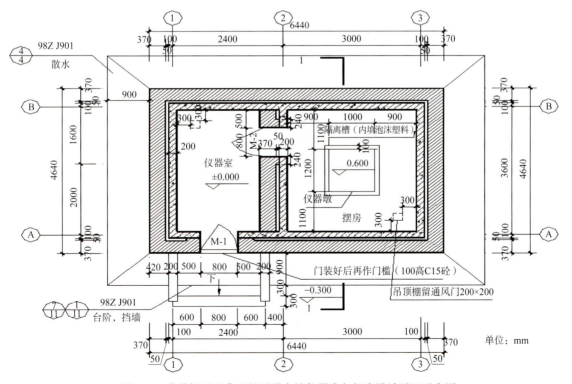

图 3-5 背景场项目典型的测震台站仪器房与摆房设计平面示意图

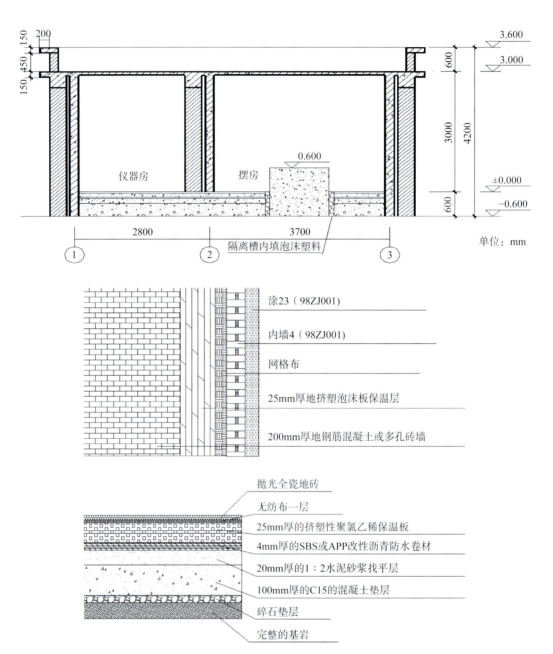

涂23（98ZJ001）

内墙4（98ZJ001）

网格布

25mm厚地挤塑泡沫板保温层

200mm厚地钢筋混凝土或多孔砖墙

抛光全瓷地砖

无纺布一层

25mm厚的挤塑性聚氯乙稀保温板

4mm厚的SBS或APP改性沥青防水卷材

20mm厚的1：2水泥砂浆找平层

100mm厚的C15的混凝土垫层

碎石垫层

完整的基岩

图 3-6　背景场项目典型的测震台站仪器房与摆房设计剖面图及材料描述

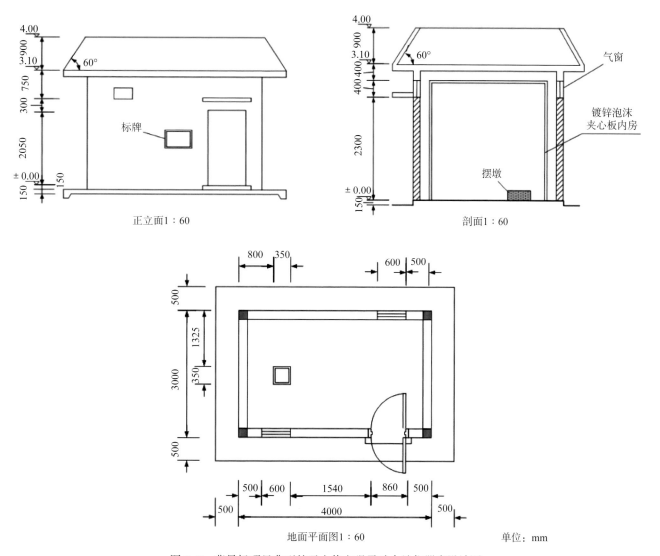

图 3-7　背景场项目典型的无人值守强震动台站仪器房设计图

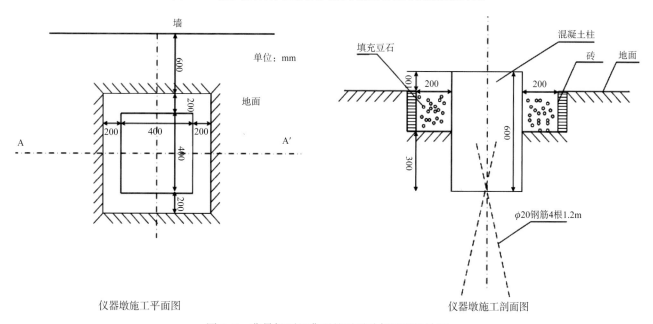

图 3-8　背景场项目典型的强震动仪器墩设计图

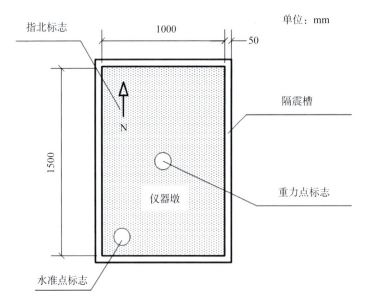

图 3-9 背景场项目台站相对重力观测仪器墩设计平面示意图

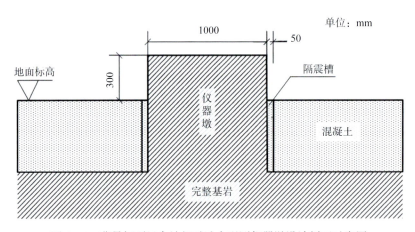

图 3-10 背景场项目台站相对重力观测仪器墩设计剖面示意图

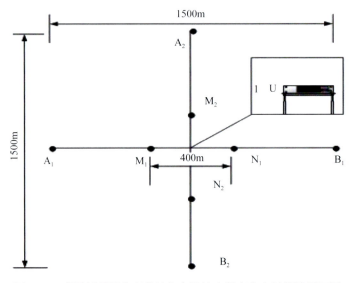

图 3-11 背景场项目典型的地电台站地电阻率布电极设计平面图

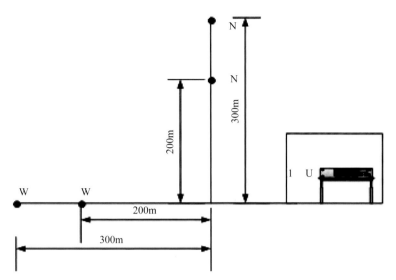

图 3-12　背景场项目典型的地电台站地电场布电极设计平面示意图

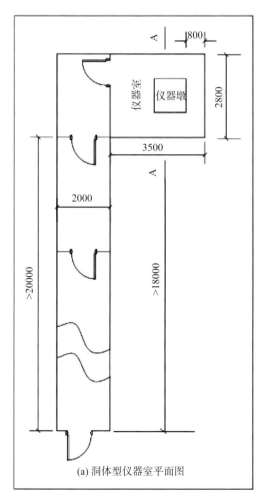

(a) 洞体型仪器室平面图

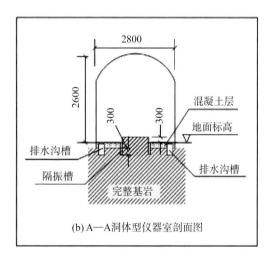

(b) A—A洞体型仪器室剖面图

图 3-13　相对重力仪洞体型仪器室平面、剖面设计图

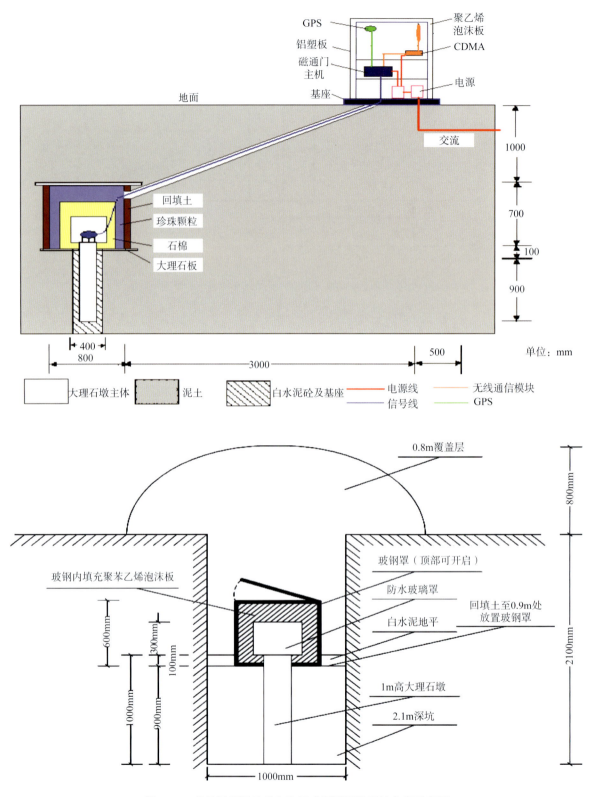

图 3-14　背景场项目地磁台地埋式观测设施设计方案示意图

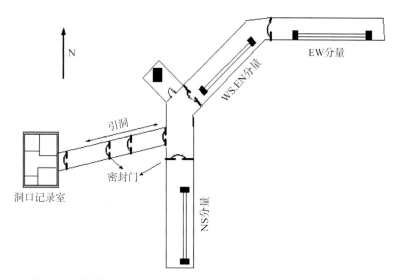

图 3-15　背景场项目形变台观测洞室建设设计（方案 1）平面示意图

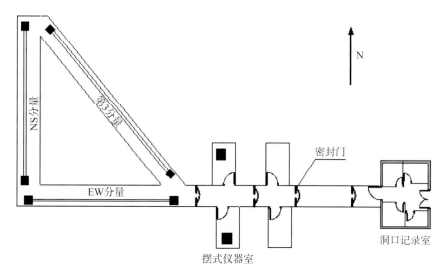

图 3-16　背景场项目形变台观测洞室建设设计（方案 2）平面示意图

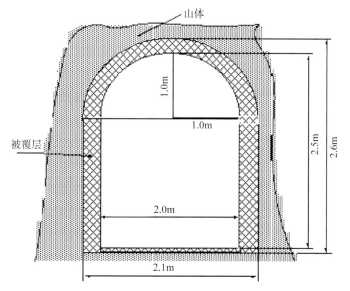

图 3-17　背景场项目形变台观测洞室入口截面设计示意图

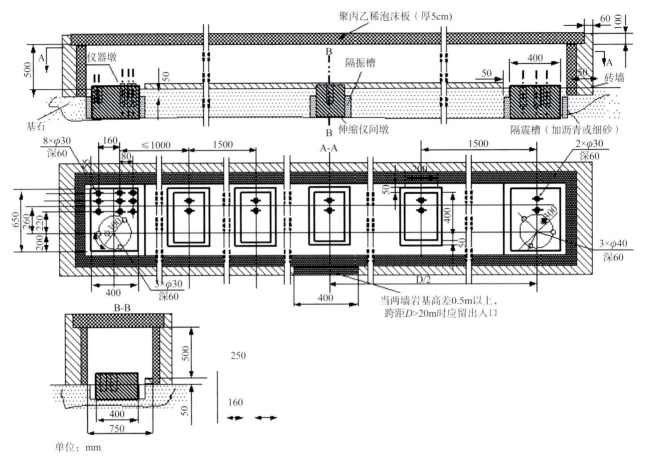

图 3-18　背景场项目形变台观测洞室仪器墩施工设计示意图

三、基建工程

背景场项目基建工程于 2011 年开始启动。各建设单位根据建设任务、施工设计与施工条件等安排具体工程施工进度，背景场项目全国土建工作基本于 2014 年底完成。截至 2015 年底前，先后完成各建设单位的单位工程、子项目验收和分项验收。

背景场项目测震台网分项的土建包括新建国家测震台站、区域测震台站、测震钻井与井房、小孔径台阵和原国家台站升级改造等（图 3-19～图 3-22）。在建设中，遵循《中国数字地震观测网络技术规程》和相关观测技术规范，委托专业设计单位进行土建图纸设计，严格选择施工队伍高标准施工，同时，各建设单位根据本地的气候、地理环境特点等具体情况，采取了多种保温、防潮措施，减少气流扰动和温度变化对宽频带地震观测设备工作环境（温度、湿度、气流）的影响，提高观测设备运行稳定性和观测数据质量。

背景场探测项目前兆（形变、电磁、流体）分项土建工程包括台站观测室的改造、各仪器室的装修、流体井房建设、地磁房建设、地电场地建设、强震动拾震器墩建设、供电线路建设、避雷系统建设和信道建设等。主要涉及重力观测室仪器墩、地磁房基墩、形变观测洞室摆墩和观测井孔、地电外场地、流动观测井和井口等，见图 3-23～图 3-31。

图 3-19　黑龙江同江台山洞砌筑施工现场

图 3-20　广东德庆测震台观测室施工现场

图 3-21　黑龙江饶河台仪器房屋面施工现场

图 3-22　海南琼中台卫星底座改造现场

图 3-23　吉林长白山综合井施工现场

图 3-24　河南商水井下测震台钻井现场

图 3-25　海原重力台山洞被覆施工照片

图 3-26　大同地磁台地埋式观测室建设

图 3-27　安西形变山洞建设

图 3-28　玛曲地电台观测室建设

图 3-29　浚县地电阻率外线路电极埋设

图 3-30　东山坡流体观测室土建现场

图 3-31　海原台野外架设地电极埋设铺管

　　背景场探测项目强震动台网分项的台站建设包括新建首都圈预警台网、兰州预警台网、区域强震动台网（图 3-32，图 3-33）。

图 3-32　崔黄口强震台观测室建设

图 3-33　欧拉乡强震台摆墩施工过程

四、设备与软件采购

根据中国地震台网中心《关于印发〈中国地震背景场探测项目设备采购目录〉的函》（震台网函〔2011〕90号），中国地震背景场探测项目设备采购分为统一采购和自行采购两种方式。统一采购的设备由项目法人单位中国地震台网中心组织仪器入网检测，统一公开招标进行采购，再分发到各建设单位选型签订合同方式采购；自行采购的设备由建设单位根据初步设计（代实施）技术要求，按照《政府采购法》和《中国地震背景场项目实施要求》在属地进行设备公开招标采购。

由中国地震台网中心统一公开招标的设备包括背景场测震、强震动和前兆（形变、电磁、流体）专业设备以及科学台阵设备，还包括台网的数据处理软件。这些设备与软件由中国地震台网中心统一经过了公开招投标、招标测试、专家评标、商务谈判、合同签订以及后续的培训等工作过程。

（一）测震及强震动设备招标、测试

背景场项目设备采购目录中的大多数专业仪器和部分通用仪器（地面卫星小站）由台网中心统一组织公开招标和测试，部分专业仪器及多数通用设备由建设单位自行采购。

2011年10—12月，中国地震台网中心组织专家对十余种不同类型测震及强震动仪器进行了专门测试，测试仪器总数量达到91台（套），测试结果用于评标参考（图3-34～图3-36）。2011年12月，圆满完

图3-34 白家疃质检中心地震计振动台测试

图3-35 白家疃质检中心地震计跌落试验

图3-36 郯城地震台比测基地地震计噪声测试

成了测震及强震动设备的招标工作。

2012年8月，开展了对背景场项目地面卫星小站通信系统采购投标设备样机的实地测试（图3-37）。9月，完成了地面卫星小站通信系统设备采购招标工作。

图3-37　卫星通信设备测试现场

（二）前兆设备招标、测试

2011年10月，完成了第一批前兆台网设备的评标工作，中国地震台网中心组织专家组重点对流体观测水位仪、电磁观测的地磁设备磁通门磁力仪、核旋仪、Overhauser磁力仪以及地电场仪等前兆观测设备开展了测试工作，产出测试报告。

（三）科学台阵设备采购

按照背景场项目《科学台阵探测系统初步设计》方案，完成了科学台阵探测系统建设，该系统由流动宽频带地震观测仪器系统、流动高频地震观测仪器系统、车载流动单元系统、台阵数据处理系统构成，形成了由500套流动地震仪及其配套设备组成的，科学的、综合的、完整的技术系统。

根据项目设计进度安排与仪器检测结果，开展、完成了科学台阵设备招标评标、合同签订、主要技术参数和验收流程编制、科学台阵探测系统的野外一致性测试、设备集成测试等工作（图3-38～图3-40）。

（四）专业设备主要技术参数

1. 测震专业设备主要技术参数

测震专业设备主要技术参数见表3-11～表3-16。

图 3-38 科学台阵设备采购合同签字仪式

图 3-39 仪器集成实验室测试

图 3-40 仪器集成野外测试

表 3-11 CTS-1EF 甚宽带地震计主要指标

项 目	技术指标
结构	一个垂直、两个水平三轴安装，位移换能，力平衡电子反馈
频带宽度	120s–50Hz
最大输出信号	±10V（单端），±20V双端差动
失真度	总谐波失真度小于–80dB
灵敏度	1000 V·s/m（单端输出）；2000 V·s/m（差分输出）
横向振动抑制	优于＜1%
动态范围	＞140dB
最低寄生共振频率	＞100Hz
标定线圈内阻	50Ω
标定灵敏度	1.2 V·s/m

续表

项　目	技术指标
输出阻抗	100Ω
供电电压	8～30V，单电源供电
静态电流	<160mA，供电电压12V时
外形尺寸	最大外径约f240mm，最大高度约270mm
重量	约15kg
BBVS-120甚宽带地震计	
项　目	主要指标
频带宽度	120s-50Hz
最大输出信号	±10V（单端），±20V（双端差动）
失真度	总谐波失真度小于-80dB
机电转换系数	1000 V/(m/s)（单端输出）；2000 V/(m/s)（差分输出）
横向抑制比	优于<0.1%
动态范围	>140dB
最低寄生共振频率	>100 Hz
标定	线圈阻抗50Ω
输出阻抗	100Ω
供电电压	8～30V，单电源供电

表 3-12　地震数据采集器 EDAS-24GN 主要指标

项　目	技术指标
数据采集通道数	6通道
输入信号满度值	±5V、±10V、±20V。双端平衡差分输入
输入阻抗	>100kΩ（单边）
A/D转换	24位
动态范围	>135dB（采样率为50Hz）
系统噪声	小于1LSB（有效值）
非线性失真度	<-110dB（采样率为50Hz）
路际串扰	<-110dB
通带波动	<0.1dB
通带外衰减	>135dB
数字滤波器	FIR数字滤波，包括线性相移和最小相移
输出采样率	1Hz、10Hz、20Hz、50Hz、100Hz、200Hz、500Hz
频带范围	0Hz～0.4Hz、4Hz、8Hz、20Hz、40Hz、80Hz、200Hz
去零点滤波器	一阶数字高通滤波器
高通滤波器	可设DC、10s、30s、100s、300s、1000s、3000s
内设标定信号发生器	16位DAC，程控波型输出，输出电流±5mA
标定信号类型	方波、正弦波、（频率、幅度、周期数可设置）

续表

项 目	技术指标
标定输出	指令方式、定时方式
授时	内设GPS接收机、授时/守时精度＜1ms
通讯接口	两个RS232串行口，一个标准10M/100M以太网接口
通讯协议	支持TCP/IP协议，支持FTP、Telnet
自启动功能	具有自检、自动复位、重启功能
记录功能	支持连续数据和触发事件数据同时记录
记录容量	30G硬盘（内置USB硬盘）容量可选
记录格式	可选压缩格式，支持SEED格式
工作环境温度	硬盘5～55℃（不带加温功能），硬盘−20～55℃（带加温功能），CF卡−20～60℃（用户可选）
供电电源	直流9～18V，标准配置为12V外接电源内置可充电电池

表 3-13　BBVS-60 地震计性能指标

项 目	技术指标
结构	结构一个垂直、两个水平三轴安装，位移换能，力平衡电子反馈
频带宽度	60s–50Hz
最大输出信号	±10V（单端），±20V双端差动）
失真度	总谐波失真度小于−80dB
灵敏度	1000 V·s/m（单端输出）；2000 V·s/m（差分输出）
横向振动抑制	优于＜1%
动态范围	＞140dB
最低寄生共振频率	＞100Hz
标定线圈内阻	50Ω
标定灵敏度	1.2 V·s/m
输出阻抗	100Ω
供电电压	8～30V，单电源供电
静态电流	＜160mA，供电电压12V时
外形尺寸	最大外径约240mm，最大高度约270mm
重量	约15kg

表 3-14　CMG-40TDE 一体化地震计技术指标

项 目	技术指标
输出信号频带	2～0.01s（速度平坦）
灵敏度	2×1000V/(m/s)（差分输出）
动态范围	＞145dB
最小寄生共振	＞450Hz
输入电压	12V
工作电流	48mA(非开解锁或调零时)
工作温度	25～65℃
重量	5kg

表 3-15　REFTEKE130-REN 数据采集器主要指标

项　目	技术指标
A/D分辨率	24位
满量程输入	≥±2.5V或±5V；单端、差分输入可选
动态范围	＞110dB@200sps
频率响应	0-80Hz@200sps
分辨率	≥18位@200sps
系统噪声	≤1LSB（均方根值）
数据采集模式	连续记录、触发记录
触发模式	阈值触发，STA与LTA差、比值触发，手动触发等
采样率	50、100、200sps可程控
时间服务	标准UTC，内部时钟守时精度优于10^{-6}，GPS校时精度优于1ms（GPS线缆长度25m）
道间延迟	无，所有通道同步采样
零点漂移	＜100μV/℃

表 3-16　卫星通信设备主要指标

项　目	技术指标
天线	1.8m Ku波段卫星天线
输入输出	3W BUC，L波段输入，Ku波段输出；Ku波段LNB，PLL内参考型，Ku波段输入，L波段输出
地面站供电要求	交流110～240V，50Hz/60Hz
设备接口	Evolution X1室内单元中频L波段接口，收发各一
电缆线	L波段中频电缆

2. 强震动专业设备主要技术参数

强震动专业设备主要技术参数见表 3-17～表 3-20。

表 3-17　BBAS-2 加速度计主要指标

项　目	技术指标
结构	三分向一体，力平衡电子反馈
频带宽度	DC–100Hz（可扩展至160Hz）
灵敏度	2.5V/g
测量范围	±2g或±4g
满里程输出	±20V（差分）
动态范围	＞135dB（0.01Hz以上）
横向灵敏度比	＜1%
固有频率	100Hz
线性误差	＜0.1%
零点漂移	0.0005g/℃
标定输入	±5V（最大值）
阻尼控制功能	有

项　目	技术指标
供电电压	8～30V，单电源供电
静态电流	35mA，供电电压12V时
工作环境	温度：-20～60℃；湿度：小于90%
外形尺寸	120mm×120mm×65mm
重量	约2kg

表 3-18　BBAS-2 三通道力平衡加速度计

项　目	技术指标
测量范围	±2gn
满量程	≥±2.5V；单端、差分输出可选
频响范围	0～80Hz，相位为线性
动态范围	≥130dB
线性度	优于1%
噪声均方根值	≤10^{-6}gn
零位漂移	≤500μgn/℃
静态电流功耗	≤10mA（±12VDC）
输出阻抗	≤1Ω
迟滞	<0.1%F.S
运行环境温湿度	-20～65℃；90%

表 3-19　SLJ-100 三通道力平衡加速度计主要技术指标

项　目	技术指标
测量范围	±2gn
满量程输出	≥±2.5V，单端、差分输出可选
频率响应	0～80Hz，相位为线性
动态范围	≥130dB
线性度	优于1%
迟滞	<0.1%F.S
横向灵敏度比	≤1%（包括角偏差）
噪声均方根值	≤10^{-6}gn
零位漂移	≤500μgn/℃
静态耗电电流	≤10mA（±12VDC）
输出阻抗	≤1Ω
运行环境温度	-20～65℃
相对湿度	90%

表 3-20　TDA-33M 型三分向力平衡式加速度计主要指标

项　目	技术指标
结构形式	TDA-33M 三分向机械一体，力平衡加速度计
测量范围	$\pm 2g$
灵敏度	双端2.5V/g，单端1.25V/g
系统动态范围	>145dB
频率响应	DC-200Hz
线性度	1%
零点漂移	小于300μg/℃
供电及功耗	9～18VDC，小于50mA@12VDC
数据接口和通信	TDA-33M 标准模拟加速度计信号接口
工作环境	温度-40～70℃，湿度：0%～98%，密封等级 IP65

3. 重力专业设备主要技术参数

重力专业设备主要技术参数见表 3-21。

表 3-21　Gphone 相对重力仪主要技术指标

项　目	技术指标
直接测程	$>2 \times 10^{-5}$ms^{-2}
可调测程	$>7 \times 10^{-2}$ms^{-2}
频带范围	直流$^{-2}$min
仪器零漂	$<1 \times 10^{-5}$ms^{-2}/月
采样率	优于1次/秒
数据存储容量	不少于30天
分辨力	0.1×10^{-8}ms^{-2}
系统重复性	系统重复性，5.0×10^{-8}ms^{-2}
精度	精度，5.0×10^{-8}ms^{-2}
交流电流	$220V \pm 10\%$，$50Hz \pm 10\%$
外接直流电压	22.5V，-22.5V
量程	0.5～2V

4. 形变专业设备主要技术参数

形变专业设备主要技术参数见表 3-22～表 3-26。

表 3-22　VP 型宽频带倾斜仪主要技术指标

项　目	技术指标
折合摆长	10cm
电容测微器精度	0.0001μm
仪器分辨率	0.0001″
仪器线性度	<1.0%

项　目	技术指标
仪器日漂移	0.005″
输出信号量程	±2V
电源范围	AC 220V±10%　50Hz±5%，DC+12V±10%
电源功耗	20W
机械本体尺寸	450mm×390mm×440mm
采样率	1s
分辨率	优于0.0002″
最大允许误差	0.003″（固体潮频段）
量程	应不小于2″，可具备扩展量程
动态范围	大于80dB
频带宽度	0~2s
零点漂移	≤2″/年（≤0.005″≤/日）
线性度误差	不大于1%
采样率	1次/秒
其他	具有校准装置和远程遥控自动调零装置

表 3-23　DSQ 型水管倾斜仪主要技术指标

项　目	技术指标
分辨率	≤0.0002″
动态范围	>80dB
零点漂移	≤2″/年
线性误差	≤1%F.S
采样率	不低于1次/分
其他	自带校准装置并对仪器格值进行自动校准和记录，标定重复性优于1%
传感器分辨率	≤0.001″
日漂移	≤0.005″
灵敏度系数	≤0.1mV/0.001″
非线性度	≤1%F·S；量程：±20″
输出	±2V
数据记录分辨率	100μV
动态范围	≥90dB
时间服务精度	≤1s/d
采样时间间隔	≤1min
零点漂移	≤5″
标定精度	优于1%
基线长度	10m以内（>5m），按需要大于10m更好
标定精度	优于1%
标定	自动化
记录	数据采集和网络通信

表 3-24 伸缩仪主要技术指标

项 目	技术指标
传感器分辨率	$\leqslant 1 \times 10^{-9}$
漂移	$\leqslant 4 \times 10^{-6}/$年
灵敏度	$\leqslant 0.1\mathrm{mV}/1 \times 10^{-9}$
非线性度	$\leqslant 1\%\mathrm{F.S}$
量程	2×10^{-5}
温度系数	$\leqslant 8 \times 10^{-7}/℃$
输出	$\pm 2\mathrm{V}$
数据记录分辨率	$100\mu\mathrm{V}$
动态范围	$\geqslant 90\mathrm{dB}$
时间服务精度	$\leqslant 1\mathrm{s/d}$
采样时间间隔	$\leqslant 1\mathrm{min}$

表 3-25 RZB型压容式井下倾斜仪主要技术指标

项 目	技术指标
分辨力	优于$0.0002''$
动态范围	大于80dB
零点漂移	$\leqslant 2''/$年/应变观测
日均漂移	$\leqslant 1 \times 10^{-8}$
线性误差	$\leqslant 1\%\mathrm{F.S}$
采样率	不低于1次/分
井下可调范围	$\pm 3°$
自动校准	校准误差小于5%（1年内），标定重复性优于1%
密封防水性能	50m水下长期正常工作
井下定向误差	$\leqslant 2°$

表 3-26 RZB型分量式井下应变仪主要技术指标

项 目	技术指标
分辨力	$\leqslant 1 \times 10^{-10}$
量程	$\geqslant 5 \times 10^{-6}$
动态范围	$\geqslant 80\mathrm{dB}$
日均漂移	$\leqslant 1 \times 10^{-8}$
噪声水平	$\leqslant 1 \times 10^{-9}$
非线性	$\leqslant 1\%\mathrm{F.S}$
标定重复性	5%
输出范围	$\pm 2\mathrm{V}$

5. 流体专业设备主要技术参数

流体专业设备主要技术参数见表 3-27~表 3-32。

表 3-27　气相色谱仪主要技术指标

项　目	技术指标
观测对象	气体组分浓度的变化
升温速率	四阶，在 0.1~50℃/分钟的范围以内选择
柱恒温箱	室温上限 15~400℃
注样器	室温 0~400℃

表 3-28　高精度测氡仪主要技术指标

项　目	技术指标
观测对象	氡气浓度的变化
测量范围	0.1~20000pCi/L
灵敏度	0.2~0.4 计数/分/pCi/L

表 3-29　离子色谱仪主要技术指标

项　目	技术指标
观测对象	离子组分浓度的变化
温度	-5~50℃
pH	0~14
电导率	0~100ms/cm
溶解氧	0~50mg/L
浊度	0~100NUT

表 3-30　前兆高精度数据采集器主要技术指标

项　目	技术指标
输入通道	4/8 路模拟量输入
分辨率	24 位
模拟量输入类型	mV，mA
采样频率	10 次/秒
精度	±0.1%
零漂移	20μV/℃
电压输入阻抗	20MΩ
过载电压保护	±35V
输入隔离	3000VDC
额定功耗	1.3W
RS485 通讯接口	5 路
RS232 通讯接口	2 路
输入电压	5~36V
平均功耗	<0.1W

项　目	技术指标
存储器	有，≥2GB
数字量输入	有，2路
数字量输出	有，继电器输出，2
设备数据存储功能	带有≥2G的现场存储器，按分钟值采样保存，现场设备本身至少能保存10年的数据

表 3-31　水温仪主要技术指标

项　目	技术指标
传感器	石英传感器
工作电压	9~18V
平均功耗	<10W
工作温度	10~40℃
通讯接口	以太网口
量程	0~100℃
分辨率	0.0001℃
精度等级	0.03℃
长期稳定度	漂移小于0.1℃/年
冷凝	无冷凝
外壳材质	紫铜
承受压力	≥10MPa
采样频率	可以自由设定，从每分钟1次到每天1次
定时开始采集	有，可以设置任意时刻
线缆长度	5~200m，根据具体情况选定
水位数字校正	有，可以多达10条折线的校正
数字换算	包含比例因子和偏移量参与的换算功能
数据信息	水温数据、电池电量数据
参考基准温度	自身带有

表 3-32　水位仪主要技术指标

项　目	技术指标
传感器	压差传感器
工作电压	9~18V
平均功耗	<10W
工作温度	10~40℃
通讯接口	以太网口
量程	0~10m
分辨率	优于0.0001m
精度等级	优于0.2%F.S
长期稳定度	漂移小于1cm/a
冷凝	无冷凝

项　目	技术指标
采样频率	可以自由设定，每秒钟1次到每天一次
定时开始采集	有，可以设置任意时刻
线缆长度	5~200m，根据具体情况选定
水位数字校正功能	可现场标定
数据信息	水位数据、探头本身温度数据与实时显示
外壳材质	不锈钢

6. 电磁专业设备主要技术参数

电磁专业设备主要技术参数见表3-33~表3-40。

表3-33　ZD-8M 地电阻率仪主要技术指标

项　目	技术指标
自然电位差分辨力	0.1mV
人工电位差分辨力	0.01mV
供电电流分辨力	0.1mA
动态范围	≥100dB
采样率	1次/（小时.道）（或程序设定）
电流/电压转换精度	0.05%（一年）
输入阻抗	>10MΩ
工频共模抑制比	>146dB
工频串模抑制比	>80dB
直流共模抑制比	>140dB
测量通道	不小于3道
线性度	±（0.02%读数+0.005%满度值）
电阻率测量最大误差	±（0.1%读数+0.02Ω·m）

表3-34　磁通门磁力仪主要技术指标

项　目	技术指标
工作模式	绝对（总量）测量、相对测量
测量分量	H、Z、D地磁场三分量和温度T
测量范围	0~±62500 nT
动态范围	0~±2500 nT
分辨率	0.1 nT
噪声水平	小于0.1 nTRMS
分辨率	1~10μV
温度系数	小于1nT/℃
频带宽度	0~0.3Hz
非线性度	优于5‰
A/D模数转换	24位
采样率	1次/秒

表 3-35 G856 磁力仪主要技术指标

项 目	技术指标
显示	6位数字磁场显示，分辨率达0.1伽玛，时间单位秒，另外三个数字显示状态：年日，行号，电池伏或信号强度
分辨率	在平均条件下通常是 0.1 伽玛。在微弱磁场区域、噪音条件，或高梯度地区可降级到低分辨率
精度	0.5 伽玛，受传感器的剩磁性和晶体振荡器的精度限制
时钟	儒历日稳定在室温为每月5s，-20～50℃内每天5s

表 3-36 单轴磁通门磁力仪主要技术指标

项 目	技术指标
读数分辨率	<0.1nT
零场漂移	<5nT
探头初始水平定向误差	<45″
探头初始垂直定向误差	<20″
电源与显示	DC 11～15V或交；背景灯照明

表 3-37 经纬仪主要技术指标

项 目	技术指标
观测误差	水平角±3″，高度角±3″
水平度盘	直读6″，估读1″
指向误差	±3″（正向和倒向读数的标准偏差）
物镜有效孔径	40mm
望远镜及长度、倍数	正向，180mm，30倍
水准器角值	长水准器20″/2mm，圆水准器8″/2mm

表 3-38 Overhauser 磁力仪主要技术指标

项 目	技术指标
分辨力	0.01nT
绝对精度	0.2nT
采样间隔	0.2s
测量范围	20000～120000nT
梯度容限	>10000nT/M
数据存储器容量	4MB

表 3-39 短周期观测磁力仪主要指标

项 目	技术指标
动态范围	不小于±2000nT
分辨力	0.1nT
温度系数	≤1nT/℃
频率响应	DC-0.5Hz
采样率	≥1次/秒
时间服务精度	≤1s/d

表 3-40　长周期磁力仪主要技术指标

项　　目	技术指标
灵敏度	0.022nT
分辨率	0.01nT
绝对精度	0.2nT
动态范围	20000~120000nT
长期稳定	<0.05 nT/年
采样率	1个采样/1s

（五）软件采购

为加快背景场项目实施进度，从 2012 年 4 月开始，中国地震台网中心组织相关领域专家对数据处理与加工软件开展了研讨论证，就软件系统设计与实施方案等进行了深入研讨与技术论证，编制了相应的软件采购招标文件。

台网数据处理与加工系统软件分测震软件和前兆软件（形变、电磁、流体）两个部分，其中前兆（形变、电磁、流体）软件部分分为两个包（第 1 包为系统软件集成包，第 2 包为前兆数据处理与加工包）。中国地震台网中心委托中国仪器进出口集团公司进行招标采购。通过组织专家评审、招标商务谈判，中国软件与技术服务股份有限公司获台网数据处理系统测震软件研发包，并同时获前兆（形变、电磁、流体）软件集成第 1 包；北京震科经纬防灾技术研究院获前兆数据处理与加工第 2 包；中国地震台网中心与中标公司签订了研发合同。到 2012 年 10 月，完成项目全部软件招标工作。

在软件研发调试中，中国地震台网中心测震分项实施组根据软件技术设计和签订合同要求，全程参与了对测震软件研发跟踪工作，和中国软件与技术服务股份有限公司技术人员一同在现场进行技术研讨，以确保测震软件研发质量和稳定可靠性。

五、设备安装与调试

背景场项目台站建设设备安装包括专业设备、专业软件、通用设备与通用软件以及台站系统集成五个方面。台网、台站的通用设备及通用软件基于行业地震信息服务系统进行统一安装集成与联调。各学科台网安装专业设备仪器型号及供应商见表 3-41。

表 3-41　测震、重力、形变、地磁、地电、流体、强震动专业设备简况

学科	仪器名称	仪器型号	供应商
测震、强震	地面甚宽带数字地震仪系统	CTS-1EF　BBAS-2EDAS-24GN6	武汉力泉测震技术有限公司
		BBVS-120　BBAS-2EDAS-24GN6	北京华讯威达通信电子技术有限公司
	井下甚宽带数字地震仪系统	CTS-1EF　BBAS-2EDAS-24GN6	武汉力泉测震技术有限公司
		CMG-3TBCMG-5TBCMG-DM24S6EAM	博来银赛科技(北京)有限公司
	地面宽带数字地震仪系统	BBVS-60　EDAS-24GN3	北京华讯威达通信电子技术有限公司
		CTS-2FEDAS-24GN3	武汉力泉测震技术有限公司

续表

学科	仪器名称	仪器型号	供应商
测震、强震	井下宽带数字地震仪系统	JDF-3-60TDE-324CI	北京赛斯米克地震科技发展中心
		BBVS-60BHEDAS-24GN3	北京华讯威达通信电子技术有限公司
	小孔径台阵甚宽带与短周期数震仪系统	CMG-3T CMG-40T-1CMG-DM24S3EAM	博来银赛科技(北京)有限公司
		RT-151-120　LE-3Dlite reftekt130-01/3	北京优赛科技有限公司
	应急流动短周期数字测震仪系统	FSS-3M　EDAS-24GN3	北京港震机电技术有限公司
		SENS-LE3D-LITE　reftek130-01/3	北京优赛科技有限公司
		CMG-40TDE-1	博来银赛科技(北京)有限公司
	区域网3通道强震动数据采集器	Reftekt-130B	北京优赛科技有限公司
		EDAS-24GN	北京华讯威达通信电子技术有限公司
	预警网3通道强震动数字强震动记录器	TED-324CI	珠海市泰德企业有限公司
		Basalt	北京优赛科技有限公司
	三分量力平衡式加速度计	TDA-33M	珠海市泰德企业有限公司
		SLJ-100FBA	哈尔滨中震环球科技开发有限公司
	卫星通信设备		劳雷（北京）仪器有限公司
重力	相对重力仪	DZW型	劳雷（北京）仪器有限公司
形变	宽频带倾斜仪	VP型	武汉地震科学仪器研究院
	水管倾斜仪	DSQ	武汉地震科学仪器研究院
	水管倾斜仪检测装置		
	伸缩仪	SSY	武汉地震科学仪器研究院
	伸缩仪检测装置		
	数字水准仪	DINI03	北京麦格天淇科技发展有限公司
地磁	磁通门	GM4-XL	北京市京核鑫隆科技中心
	DI仪	Mag-01H/DI	北京优赛科技有限公司
	核旋仪	G856T	北京市京核鑫隆科技中心
	Overhauser磁力仪	GSM-90F1	北京欧华联科技有限责任公司
	质子旋进磁力仪	GSM-19T	北京欧华联科技有限责任公司
流体	水温仪	SZW-1AV2004	震苑迪安防灾技术研究中心
	水位仪	SWY	震苑迪安防灾技术研究中心
	水氡仪	氡钍分析仪/FD-125	北京宏信核诚仪器设备有限公司
形变	钻孔应变仪	RZB型分量式	北京震苑迪安防灾技术研究中心
	井下综合观测仪	RZB型压容式	北京震苑迪安防灾技术研究中心
	全站仪	TS30	北京华徕新虹科技发展有限公司
地电	地电场仪	ZD9A-2B	北京陆洋科技开发公司
	地电阻率仪（含电源）	ZD8M	北京震苑迪安防灾技术研究中心
	地电装置检查仪	ZD8T	

测震台网软件安装联调由中国软件与技术服务股份有限公司技术人员按照合同内容提供的《系统安装使用书》，在中国地震台网中心测震台网部安装联调成功，乙方技术人员在测震软件系统开发过程中，认真听取甲方反馈建议，反复修改并调试软件，进一步完善了系统功能，达到预期任务目标。

前兆数据加工与处理系统研发涉及到前兆(形变重力、山洞形变、地电地磁与流体水化学、水位水温)台网数据处理的各分系统集成，完成了与台网中心前兆台网部、地球所地磁数据中心、兰州地电数据中心、武汉形变重力数据中心的系统联调。专业软件安装清单见表3-42。

表 3-42　专业软件安装清单

序号	软件名称	供应商
1	测震数据处理与加工系统: 地震活动图像数据处理系统、地下物性结构层析成像系统、地壳应力场反演数据处理系统	中国软件与技术服务股份有限公司
2	前兆可视化分系统，数据存储、交换、管理分系统，软件集成	中国软件与技术服务股份有限公司
3	数据处理与加工分系统	北京震科经纬防灾技术研究院

六、联调与试运行

2014年1月27日至2015年7月3日，背景场项目建设法人单位中国地震台网中心陆续批复了32个建设单位进入试运行，试运行期为1个月。

依据《中国数字测震台网技术规程》与《中国数字强震动技术规程》以及相关技术规范要求，建设单位背景场项目实施组及仪器厂家人员完成了测震台站仪器设备安装调试和地面卫星小站的技术升级与联调；对应急流动台网进行了组网测试并开展了相应的应急演练；完成了新建强震动台站设备安装与兰州、首都圈两个强震动预警网系统运行联调。台站观测数据实时传送到中国地震台网中心测震台网部、国家强震动观测中心和各建设单位的测震台网中心以及兰州、首都圈强震动台网预警中心，通过台站监控实时监控台站仪器运行状态，发现问题，及时排除仪器故障，确保各类观测台网系统正常运转。

测震数据处理系统主要安装在中国地震台网中心测震台网部运行，试运行考核内容涉及测震台网数据处理与加工系统的3个子系统，其中：地震活动图像数据处理子系统包括地图服务、结果展示与数据共享、系统管理；地下物性结构层析成像子系统包括数据采集与整合、地震层析成像、图像图形可视化及数据文件产出；地壳应力场反演数据处理子系统包括数据接口管理、数据反演计算、数据可视化展示。

测震数据处理系统试运行期为2015年2月6日至3月6日。中国地震台网中心测震台网部项目实施组全体成员参加，根据《中国地震台网中心背景场项目国家测震中心试运行产出清单》要求，系统在试运行期完成相应产出。

前兆数据处理与加工系统的设计、开发及系统测试按照合同要求如期完成，项目进入系统试运行阶段。根据前兆数据处与加工系统的招标文件要求，本系统分国家级中心和学科级中心两级进行部署，联调试运行时间为2014年9—12月，先后完成了中国地震台网中心前兆台网部国家中心与兰州地电数据中心、武汉形变重力数据中心、地球所地磁数据中心的系统联调和试运行。

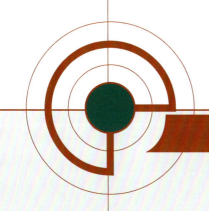

第四篇

成果效益

中国地震背景场探测工程是一项提高国家防震减灾综合科技能力的基本建设项目，通过标准化观测与探测体系、标准化数据管理体系建设，坚持科技对防震减灾事业的引领作用，显著提高我国地震科技创新能力和防震减灾三大工作体系的发展水平，有效减轻地震灾害及其对经济社会的冲击和影响，为维护国家公共安全、构建和谐社会和保持经济社会可持续发展提供可靠的保障。项目实施将科学地推动地球科学的发展，服务于国家社会发展、经济建设、国防外交、环境资源和防灾减灾等多个领域。项目在减灾、社会、经济、国防和人才培养等方面产生显著效益。

一、建设成果

在"十五"项目"中国数字地震观测网络工程建设"的基础上，通过中国地震背景场探测项目的实施，优化了观测台网布局，填补了空白监测区域，扩大了海域试验观测，提升了科学台阵探测能力。

项目建成后，中国测震台网的台站总数达到 1147 个，进一步优化了台网布局，加密了西部地震多发区的台网密度，使台间距达到 150～250km；增加了中东部人口稠密和经济发达地区测震台网的"关键控制点"，使台间距达到了 30～60km；扩大了近海海域监测范围；并且在"十五"数字地震项目已经建设了 19 个局属单位的应急流动台网的基础上，完成建设 13 个局属单位的应急流动观测台网，实现了应急流动台网的全覆盖，全面提升了震后应急流动观测和震前短临跟踪能力。建成台站外观图见图 4-1～图 4-3，全国测震台站分布图见图 4-4。

图 4-1　浏阳台测震台

图 4-2　潮涟岛测震台

项目建成后，中国重力台网台站总数达到 70 个，形成连续重力观测网。完成新建 140 个重力基本点（图 4-5），改建 160 个重力基本点，增加了 14000km 重力测线，现形成由 600 余个基本点，测线总长度约 60000km 的全国流动重力观测网（图 4-6）。

项目建成后，中国地磁台网台站总数达到 120 个（图 4-7，图 4-8），其中基准网台站达到 35 个，基本台站达到 85 个。在背景场全面建设完成的基础上，通过观测数据的积累，对我国西部的地磁场长期变化背景、地磁基本场和南北地震带上的地磁场短周期变化将有更深入细致的了解。

项目建设完成后，中国地壳形变台网台站总数达 260 个（图 4-9，图 4-10）。本项目在西藏、甘肃和海南等地区新建倾斜、应变基准台站，初步形成台网探测的基准框架。新建天津、西安、武汉流动形

图 4-3 格尔木台阵

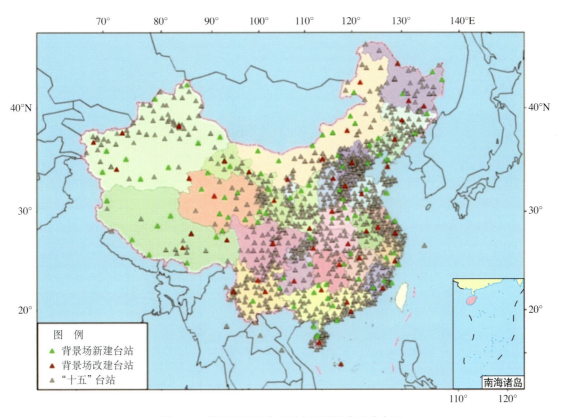

图 4-4 背景场项目建成后全国测震台站分布图

图 4-5 海原重力台

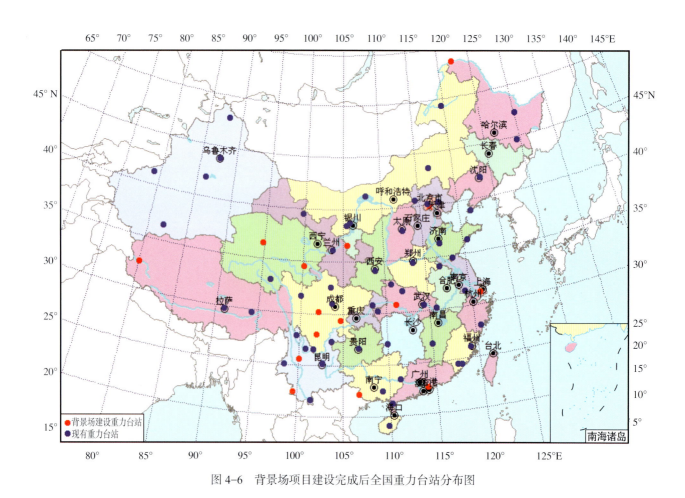

图 4-6 背景场项目建设完成后全国重力台站分布图

图 4-7　涉县地磁台

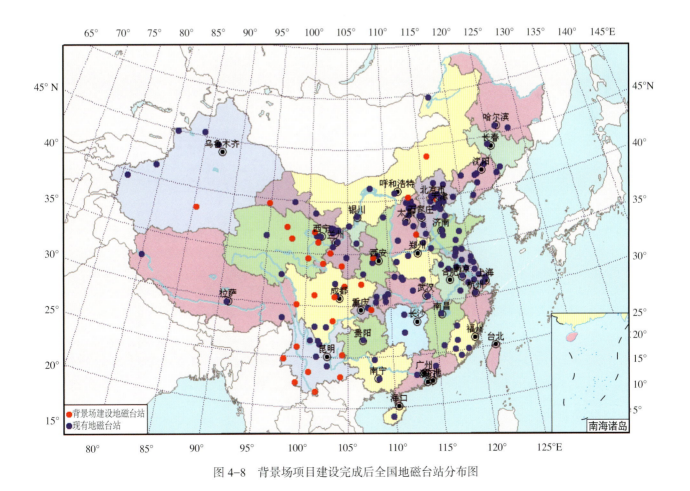

图 4-8　背景场项目建设完成后全国地磁台站分布图

图4-9　武都形变台

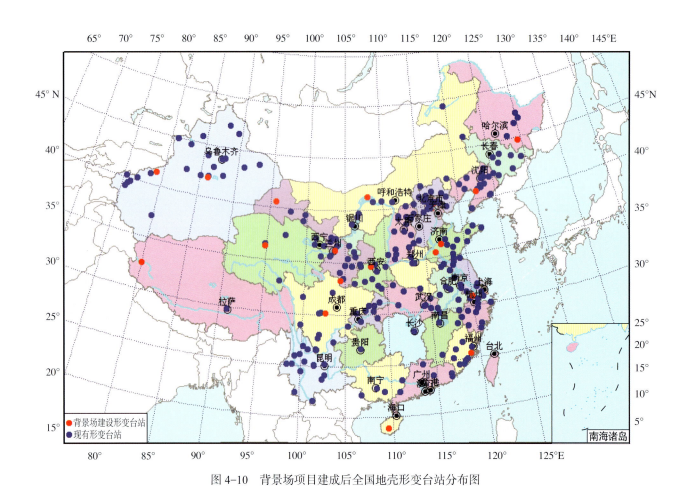

图4-10　背景场项目建成后全国地壳形变台站分布图

变监测场地 3 个，提升了流动形变台网中 GPS、重力、测距等形变仪器的综合标定、监测能力。

项目建设完成后，中国地电台网台站总数达到了 142 个（图 4-11，图 4-12），实现了 100% 的地电阻率和地电场数字化观测，地电场观测覆盖面提升 13.6%，地电阻率观测覆盖面提升 14%，优化了地电台网的布局，能基本获取地电阻率区域动态变化图像和地电场分布及其变化图像。

图 4-11　红崖头地电台

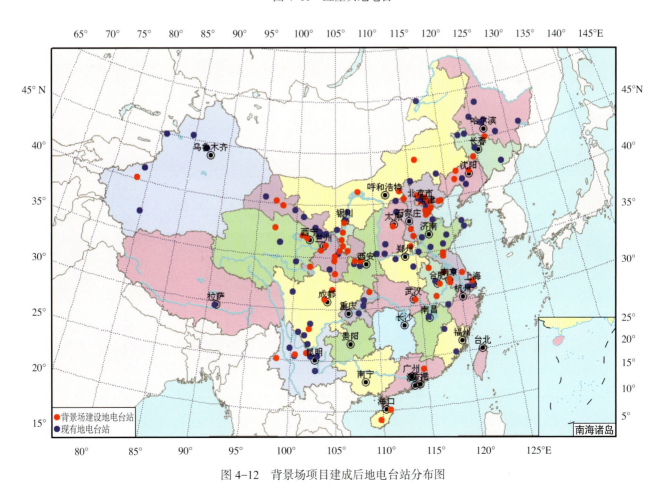

图 4-12　背景场项目建成后地电台站分布图

项目建设完成后，中国地下流体台网得到了进一步的扩展和补充，地下流体观测台站总数已超过450个（图4-13～图4-15），在重点危险区的监测点间距小于80km，监测能力有所增强。

图4-13　中国地震台网中心地球化学比测中心实验室

图4-14　庐江地球化学区域观测中心台站分析化学实验室

项目建成后，中国强震动台网的台站总数达到1440个（图4-16～图4-19）。补充了强震动观测台站，确保新的地震重点监视防御区内强震动观测台站的观测密度。

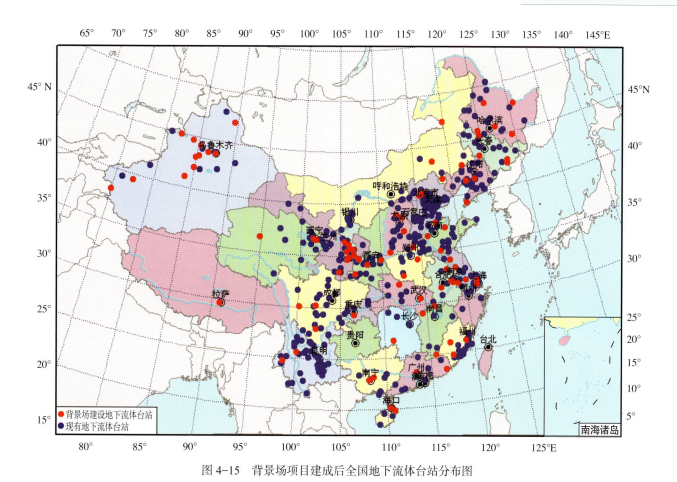

图4-15　背景场项目建成后全国地下流体台站分布图

图4-16　甘肃欧拉秀玛强震动观测室

图 4-17 天津大碱厂强震动观测室全貌

图 4-18 北京大城子强震动台外观

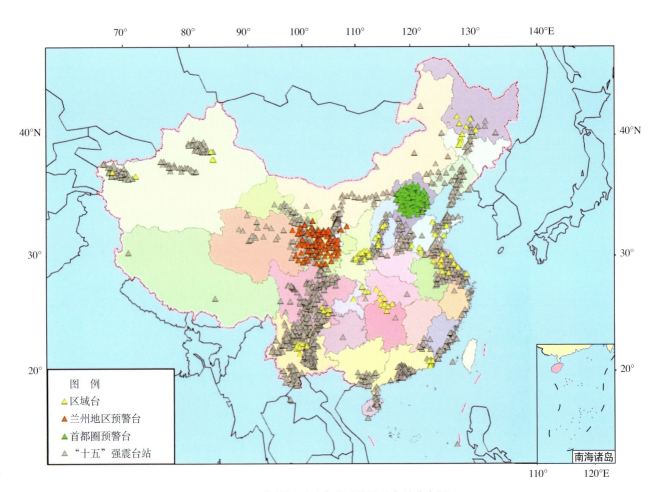

图 4-19 背景场项目建成后强震动台站分布图

二、产出成果

项目建成了专业数据处理与加工系统，初步形成覆盖我国大陆及近海海域的地震活动图像、地球物理基本场、地下物性结构等地震背景场的数据获取能力和数据产品加工能力，可准实时或按各观测手段特点分月、年定期产出地震背景场的动态变化图像，并在长期积累的数据基础上勾画全国及各区域的地震构造、地球物理场及地球化学场的本底图像，服务于地震预测预警、地球科学研究、国家大型工程和国防建设，为构筑我国地震安全防护体系提供支撑。

（一）测震数据处理与加工系统产出

测震数据处理与加工系统包含地震活动图像数据处理、地下物性结构成像、地壳应力场反演三个子系统，对测震台网产出的地震目录和观测数据进行深度加工，产出精细数据产品。地震活动图像数据处理子系统能够产出全球、全国、区域等不同区域，日、周、月、年等不同时间尺度范围内的地震活动图像（图4-20～图4-22）。地下物性结构成像系统能够产出全国和区域地下速度分布（图4-23～图4-26），产出的全国和区域地壳速度结构三维图像，地壳结构横向分辨率达到30～50km、纵向分辨率达到10km；地幔岩石圈结构横向分辨率达到50～100km、纵向分辨率达到20km；上地幔结构横向分辨率达到100～200km、纵向分辨率达到100km以内。地壳应力场反演处理系统能够产出全国及区域应力场变化等（图4-27～图4-30）。

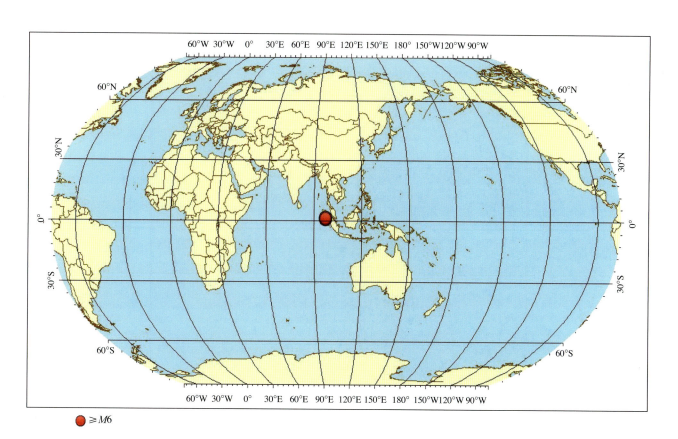

●≥*M*6

图4-20　全球地震活动图（日）——2015年1月27日全球地震分布

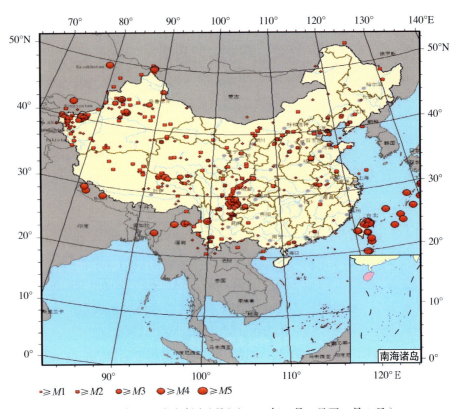

$\bullet \geqslant M1$ $\bullet \geqslant M2$ $\bullet \geqslant M3$ $\bullet \geqslant M4$ $\bullet \geqslant M5$

图4-21 全国地震活动图（月）（2015年1月3日至2月2日）

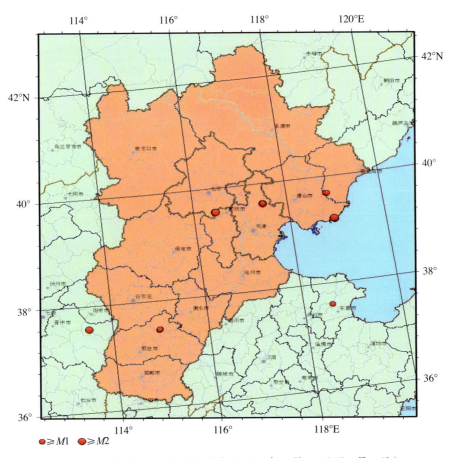

$\bullet \geqslant M1$ $\bullet \geqslant M2$

图4-22 首都圈地震活动图（周）（2015年1月26日至2月2日）

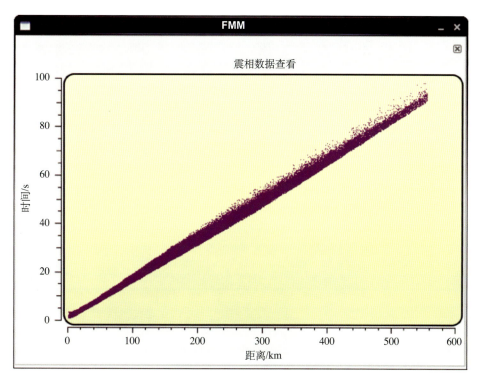

图 4-23　震相走时 – 震中距散点图

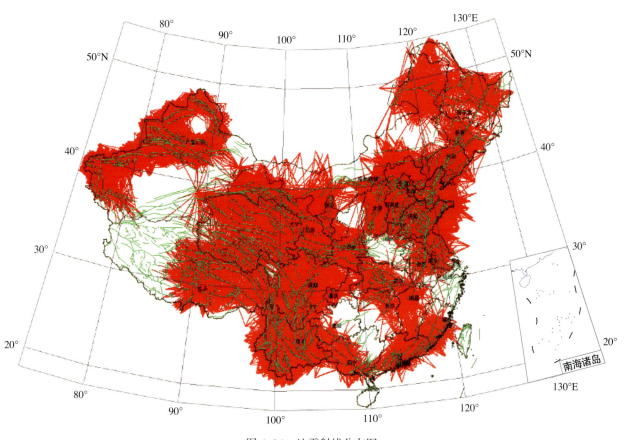

图 4-24　地震射线分布图

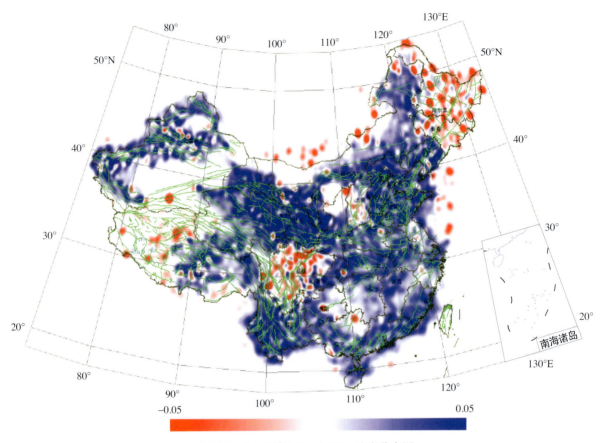

图 4-25 全国及邻区地下 10km 速度分布图

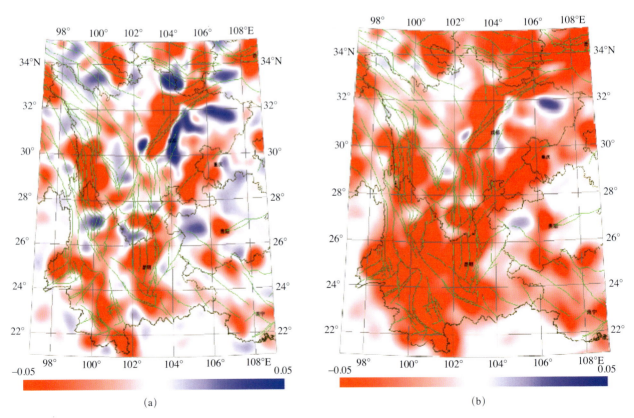

(a)   (b)

图 4-26 川滇地区地下 30km（a）和 40km（b）速度分布图

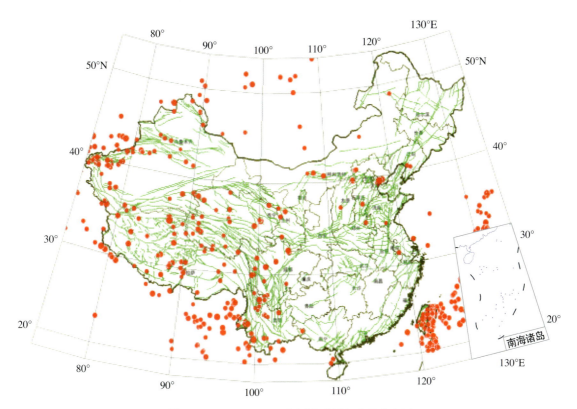

图 4-27　1976—2000 年历史地震矩张量分布图

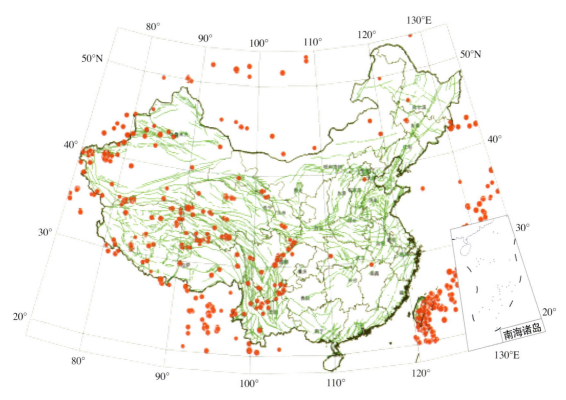

图 4-28　2000—2014 年历史矩张量分布图

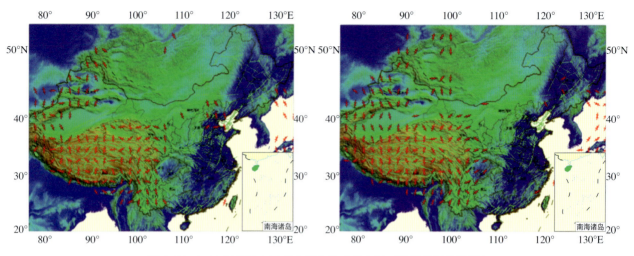

图 4-29　2000 年前后全国应力场比较（墨卡托正轴等角圆柱投影）

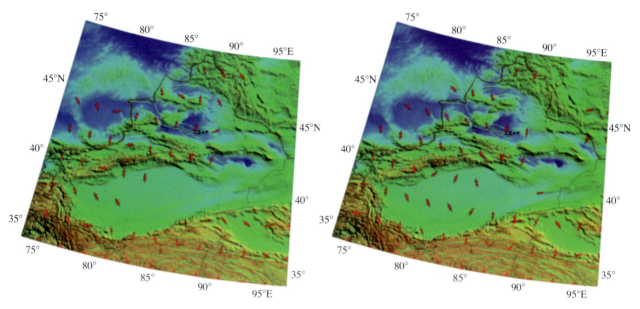

图 4-30　2000 年前后新疆应力场比较（阿尔伯斯圆锥等面积投影）

（二）前兆数据处理与加工系统产出

前兆数据处理系统包括数据处理与产品加工分系统，产品存储、交换与管理分系统，产品可视化展示分系统。其中数据处理与产品加工分析系统为核心系统，又包括地下流体、形变、重力、地磁、地电数据处理与产品加工分析子系统，满足背景场项目建设完成后地下流体、地壳形变、重力、地磁和地电观测网的数据处理与产品深加工需求，能加工产出中国大陆或重点监测区域日、月、年尺度的重力、地壳形变、地磁、地电阻率、地电场、井水位、井水温等观测物理量的 15 类背景场变化图像（表 4-1，图4-31～图 4-36）。

表 1　前兆数据处理系统加工主要图像产品目录

序号	图件产品名称	指标
1	重力场变化图	空间分辨率约为150km，精度达到$20×10^{-8}m/s^2$
2	重力M_2波潮汐参数动态变化图	观测站点空间分辨率优于400km，月长资料M_2波潮汐因子精度达到1%
3	微动态地倾斜图	1：400万
4	地倾斜、应变M_2波潮汐因子变化空间分布图	
5	应变参数月变化空间分布图	
6	地磁基本磁场各要素动态变化图像	总强度的通化均方差优于1.5nT，磁偏角和磁倾角的通化均方差优于0.5′
7	磁暴急始幅度空间分布图	
8	地磁低点位移空间分布图	
9	区域水位变化空间分布图	分辨力优于1mm，准确度优于0.2%F.S
10	区域水温变化空间分布图	分辨力优于0.001℃，精度优于0.05℃
11	水氡浓度相对变化图	
12	水平速度场图	1：400万
13	垂直形变场	1：400万
14	区域地电阻率归一化变化速率图	
15	区域地电流场分布图	空间分辨率优于500km，测量误差不大于0.5mV/km

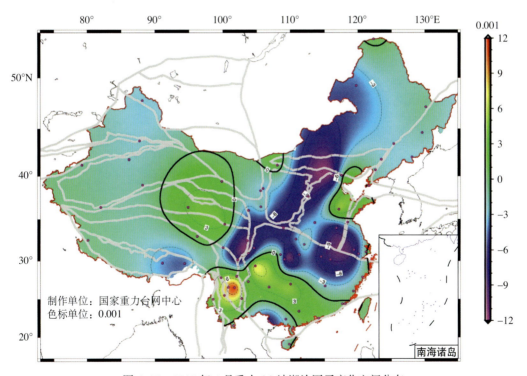

图 4-31　2017 年 4 月重力 M_2 波潮汐因子变化空间分布

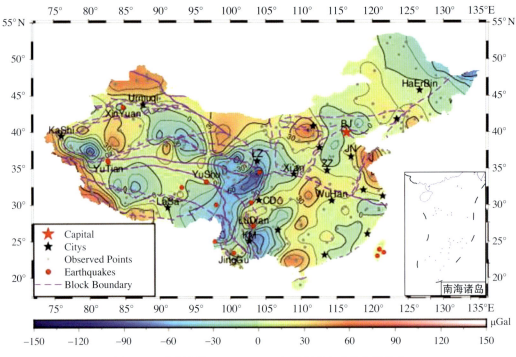

图 4-32　中国大陆 2010—2013 年累积重力变化空间分布

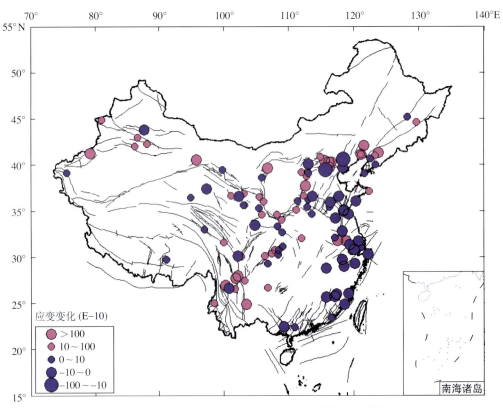

图 4-33　2017 年 3 月钻孔应变面应变变化空间分布
其中，张性变化为正，压性变化为负

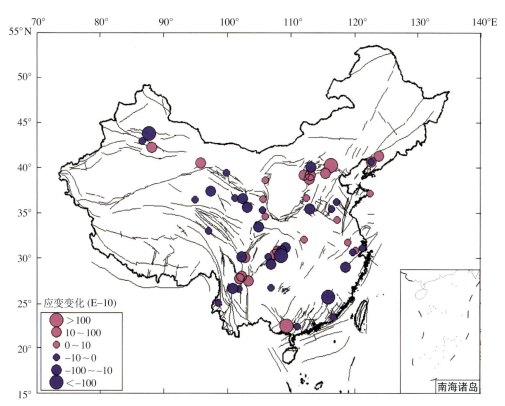

图4-34　2017年3月钻孔应变最大主应变变化空间分布
其中，张性变化为正，压性变化为负

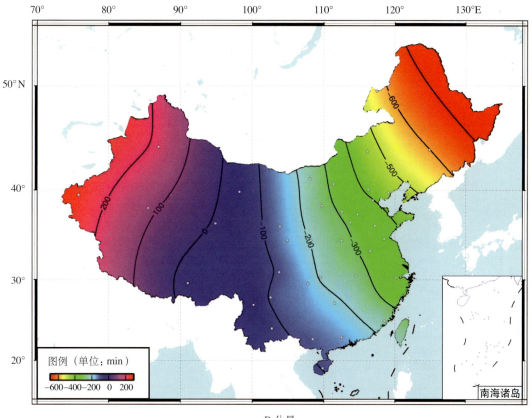

D 分量

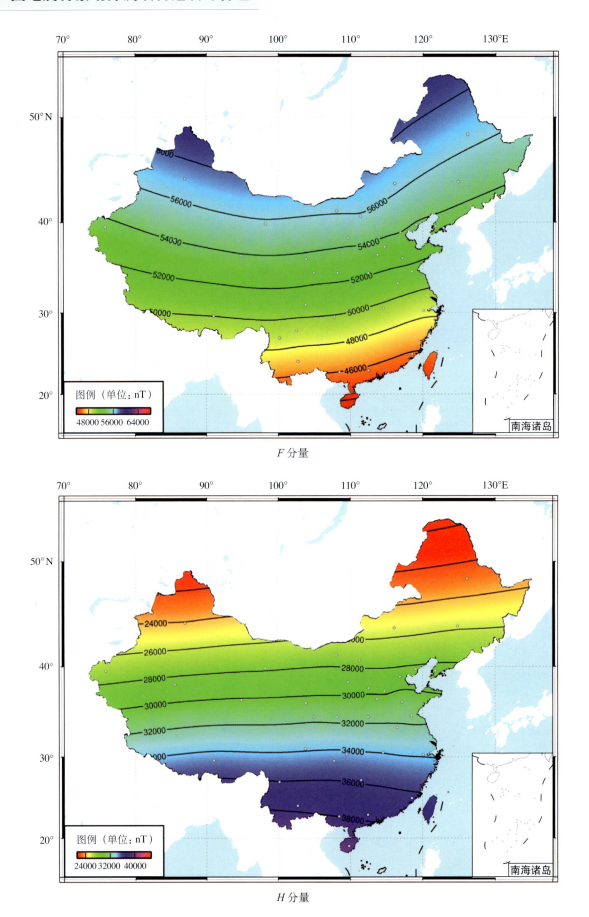

F分量

H分量

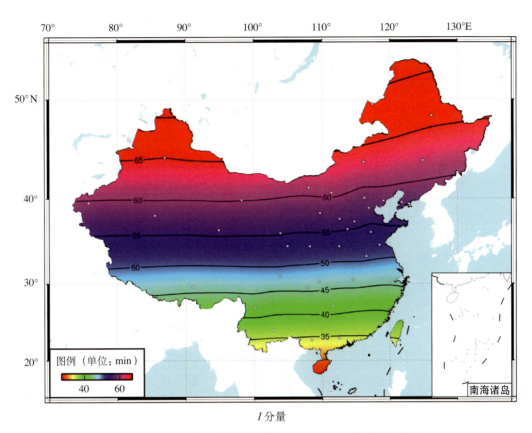

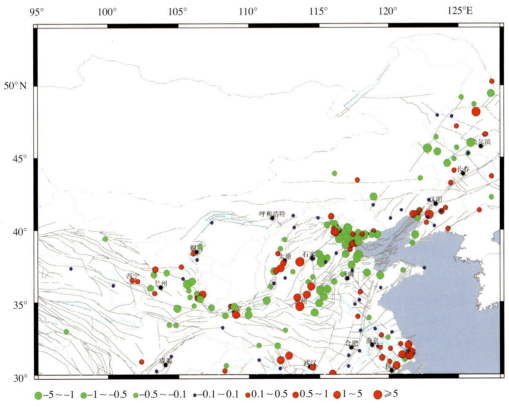

*I*分量

图 4-35　2016 年 6 月中国地磁场 *D*、*H*、*F*、*I* 分量空间分布

图 4-36　2016—2015 年大华北地区井水位年变化分布（单位：m）

三、减灾效益

我国地处环太平洋地震带和地中海 — 喜马拉雅地震带交会部位，是大陆地震活动最为强烈的国家之一，地震灾害以频度高、灾害严重为特点，占全球陆地面积7%的国土承载着全球大陆35%的7.0级以上破坏性地震。我国大陆大部分地区位于地震烈度Ⅵ度以上区域，50%的国土面积位于Ⅶ度以上的地震高烈度区，包括23个省会城市和2/3的百万人口以上大城市。随着国家经济的增长，城镇化发展加快，破坏性地震带来的灾害损失呈直线上升趋势，社会影响越来越大。如江苏溧阳6.0级地震造成42人死亡，10万间房屋被毁，经济损失2.4亿元；山东菏泽5.9级地震造成45人死亡，6000多间房屋被毁，经济损失3亿元；而成功预报一次地震减少的经济损失和人员伤亡所产生的经济效益是十分巨大的，1975年海城地震预报的成功，减少伤亡人员15万、直接经济损失10多亿元。

项目的实施将全面提高我国地震科技的创新能力，继续保持地震预报的世界领先地位，提高地震监测预报、震害预防和应急救援三大工作体系的科技水平，提高全社会防御地震灾害的公共安全保障能力，全面提升社会公众防震减灾素质，为实现国家防震减灾规划（2006 — 2020年）目标："到2020年，我国基本具备综合抗御6.0级左右、相当于各地区地震基本烈度的地震的能力，大中城市和经济发达地区的防震减灾能力达到中等发达国家水平。"构建技术平台。例如，地震构造探测和城市活动断层填图结果，将大幅度提高政府制定城市发展规划、重要工程设施抗震设防和地震应急措施的合理性和科学性，显著提高城市抗御地震灾害的能力；产出成果还可以进一步指导政府进行新农村建设和规划，合理布局、科学选址，充分考虑综合防灾和应急疏散的要求，使农民建房避开地震断层和抗震不利地段；同时，指导提高农村民居的抗震能力，以减轻民房破坏程度，从而大大降低地震灾害损失和人员伤亡，有效减轻地震灾害及其对社会经济的冲击和影响，保障社会稳定与人民生命财产安全，提高经济社会可持续发展能力，为我国经济平稳发展和构建和谐社会提供必要的保障。

四、科技效益

中国地震背景场探测工程是一项多学科综合的系统科学工程，涉及地球物理学、地球化学、地质学、地球动力学、观测技术、信息技术、通信技术等诸多学科和技术手段，在目前学科交融的科技快速发展时代，项目实施将对这些学科和技术发展起到积极的推动作用。

中国地震背景场探测工程产出覆盖全国的、丰富的地震、重力、地磁、地壳形变、地电和地下流体等多种地球物理和地球化学的动态观测数据，以及全国范围活动断层填图与地震构造探测资料，可为我国科研院所和大专院校科研人员提供地球科学综合观测数据共享平台、开放实验基地和标准化数据中心，为深入研究各种地球物理场、地球化学场、地壳形变场、地壳上地幔基本结构及其时空演化特征和地球动力学等地球科学研究提供基础条件，成为资源、环境和灾害等研究领域资源高度共享的一个国家级技术平台 —— 国家实验室，推动地球科学发展，有助于我国地球科学跻身世界先进水平。

与此同时，地球科学的最新进展又反过来促进地震科学深入研究，推动防震减灾技术有序发展，为科学、合理和有效地开展地震监测预报、地震害防御和应急救援三大工作体系建设提供更好的科技支撑。例如，项目产出连续的多学科地球物理和地球化学场可以给出整体宏观趋势变化，结合中国大陆及其邻近地区活动断层与地震构造分布格局、地壳上地幔结构等建立三维地下构造模型和地震孕育物理模型，分析地球物理和地球化学场局部异常的成因及其与地震孕育、发生的关系，促进经验性地震预测预报向具有物理意义的预测预报过渡，显著提高地震预报的科学性和成功率。

另外，随着活动断层填图资料的不断积累和地震构造研究工作的深入，逐渐认识到活动断层同震地表破裂的局部化特征及其与地震灾害严重带之间的密切关系，为震害防御工作提出了新的科学途径。

五、国防效益

我国测震台网对于监测周边国家的地下核试验、监视世界上的核爆炸是极为有效的武器，背景场项目的建成，有助于提高监测的能力，有助于发现小当量地下核试验，加强我国国防的防御能力，在维护国家主权、促进世界和平的外交和政治斗争中扮演重要角色。

地磁、重力等地球物理基本场的长期有效观测是飞行器制导、战略武器研制等不可或缺的基础数据，在国防建设中体现重要的军事效益。

地壳微动态变形数据，是现实地表动态环境——不可屏蔽的反映，可以为国家重要的高精密基础科学、技术和国防技术试验和测试提供背景环境数据。

六、经济效益

经近40年的改革开放，我国的现代化建设进入了一个崭新的重要发展时期，国民经济整体迈上一个新台阶。要保障我国经济发展成果的安全，保持30多年的高速发展势头，加强防震减灾三大工作体系建设是一条切实有效的必经之路，符合国家经济社会可持续发展战略。震灾预防是投入少产出多的公益事业，通常会收到几十倍，甚至几百倍的投入产业比。在倡导以人为本和构建谐社会的今天，有效减少人员伤亡尤其重要。本项目的建设将明显提高我国地震监测和预测能力，增强社会抵御地震灾害的能力。因此，项目可望取得巨大的经济效益。

项目产出的地震、地磁、重力、地震活断层等观测数据在资源勘探、环境监测和重大工程建设等多个方面具有良好的应用价值，可直接服务于国民经济建设，在对陆、海、空交通工具的导航与调度、国土资源利用规划和地震灾害救助等应用领域也将有十分显著的经济效益。此外，项目产出的电磁、地下水动态、地球化学等基础数据是环境监测的重要信息，将在我国防治电磁环境污染、水资源污染和保护生态环境等方面发挥积极作用。

工程建设的完成和运行，产出大量点位的坐标和高程数据是国家城市和经济区建设、重大工程设施设计、施工必不可缺的基础控制数据，也是各种比例尺测图的基本控制；同时，对于大地水准面变化、海平面升降、沿海地势变化与海侵、城市沉降等严重影响我国生态和经济社会发展的基本问题的研究提供基础数据。

七、社会效益

1. 体现政府的文明

在社会抵御自然灾害时，灾害发生之前进行预防而不是单纯的灾后紧急救援，更能体现政府的文明。中国地震背景场探测工程建设，其主要目标就是建立健全我国的地震监测预报体系，努力实现地震短临预报水平，体现我国政府防震减灾决策形象。

2. 保证社会稳定

工程建设完成，将大大提高我国地震前兆监测能力，推进地震预报水平，提高减灾效果，为保证国家经济社会可持续发展、保障人民生命财产安全和稳定社会大局发挥重要作用。

3. 促进环境保护

工程产出的电磁环境、地下水动态、地球化学等基础数据是环境监测的重要信息，将在我国防止电磁环境污染、水资源污染，保护生态环境发挥积极作用。

八、人才培养

项目涉及测震、重力、地磁、形变、地电、地下流体、活动断层、地震工程等多个学科专业，建设工作覆盖观测环境勘选、专业技术实施建设、观测仪器安装调试、专业软件的编制等技术环节，涉及直属事业单位和全国各省、市、自治区地震局，通过本工程建设将培养一大批专业技术人才，为防震减灾事业的发展打下坚实的人才基础。此外，还将大大提高地震行业的管理水平，培养一批具有较强的地震安全管理技术服务能力的业务和工程技术骨干，形成一支高水平的项目管理队伍，为建设安全的人居环境、实现经济社会可持续发展战略提供人才保证。

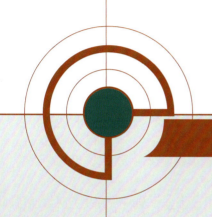

第五篇

科技论文

项目在建设过程中，本系统相关学科专家，建设单位技术人员等总结了项目实施经验，并对遇到的一些技术问题进行了深入探讨，形成了一系列科技论文及管理论文，现选取部分文章予以编录。

广西斜阳岛数字地震台建设经验

姚　宏　陈　鑫　牟剑英　龙政强　杨超英

（广西壮族自治区地震局，南宁　530022）

摘要：我国海域辽阔，近十年来，地震台网建设已从陆地发展到海洋，而海岛地震台建设由于受各种客观条件的限制，建设难度相对较大。本文以实施中国地震背景场探测项目斜阳岛数字地震台建设为实例，针对海岛的特殊地理位置和环境条件，在台址勘选、数据传输、防潮和防腐蚀等技术措施方面总结出一些可以借鉴的成功经验。

关键词：海岛；地震台；背景场；经验体会

引言

中国地震背景场探测项目是国家地震安全计划的一个重要组成部分，旨在"十五"网络项目建设的基础上，进一步优化观测台网布局，填补空白监测区域，扩大海域观测试验，提升科学台阵探测能力和活动断层探测能力，建设背景场数据处理系统，初步形成地震背景场探测能力，产出我国及周边长期地震活动背景图像、各类地球物理基本场背景及地下介质物性结构基本环境，反映震源及介质参数特征变化图像，反映全国及区域地壳变动及孕震环境和各类重力场、地壳形变场、地磁场、地电、地下流体的变化图像，将为我国地震预测预警、地球科学研究、国家大型工程、国防建设和国家地震安全提供支撑。该项目共包括观测台站、科学台阵、数据处理与加工系统三个部分，2010 年 12 月，背景场项目初步设计获国家发展改革委立项批复，项目法人单位为中国地震台网中心。

广西具有近 1600km 长的海岸线，拥有 1005km² 滩涂，北部湾海域面积约 12.93 万 km²，北部湾所属的广西海域拥有涠洲岛等岛屿。虽然在"十五"期间，通过实施中国数字地震观测网络项目，已在涠洲岛上建设了一个区域级数字测震台站（姚宏，2011），但北部湾海域广阔，广西区域地震台网对该海域地震监测能力依然薄弱。

斜阳岛位于涠洲岛东南方向约 9 海里处，距北海市区 44 海里，是由火山喷发堆凝形成，面积 1.89km²，是广西有人居住纬度最低的海岛。为此，根据中国地震背景场探测项目设计，斜阳岛纳入了 8 个海岛地震建设地点之一，地理位置见图 1 所示。由于斜阳岛远离陆地，地势陡峭，岛上未开放旅游活动，无公共旅游船只通达该岛，前往斜阳岛的交通只能从涠洲岛临时租快艇的方式解决。斜阳岛上无电力部门交流电网，交通运输、通信环境等条件均较差。因此，如何综合考虑各方面因素，做好斜阳岛数字地震台（简称斜阳岛台）工程建设，将直接影响到广西地震背景场探测项目的顺利推进。

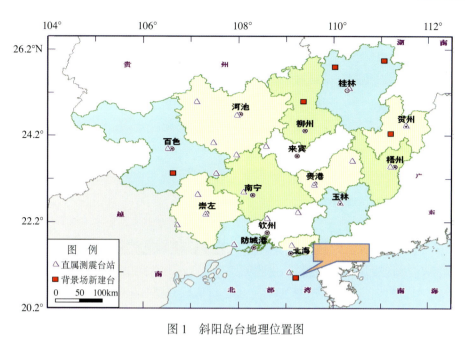

图1　斜阳岛台地理位置图

Fig.1　The Geographical Location Map of Xieyang Island

1　台址勘选

1.1　台址环境条件

根据中国地震背景场探测项目初步设计要求，2009年5月，广西地震局组织技术人员赴斜阳岛进行台址勘选，综合考虑台基岩性、土建施工、超短波数据传输等方面的条件，最终将台址选定于斜阳岛最高山峰羊尾岭上，基岩为火山灰岩，海拔高度120m，在该台址位置正对西北方向的涠洲岛具有良好的通视性，便于采用无线超短波或扩频微波电台传输观测数据，斜阳岛台地形及台址所在位置如图2～图4所示，其环境气象条件见表1。

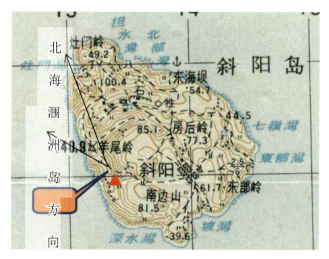

图2　斜阳岛台地形及台址位置图

Fig.2　The Topographic Map of Xieyang Island and Location of the Station

图 3 　斜阳岛台台基测试现场环境状况
Fig.3 　On-site Foundation Testing of Xieyang Island Station

图 4 　斜阳岛海对面涠洲岛
Fig.4 　Looking Towards Weizhou Island on Xieyang Island

表 1 　斜阳岛气象和地质条件
Table 1 　The Meteorological and Geological Conditions of Xieyang Island

名　称	单　位	指　标
年平均气温	℃	22.9
年平均最高气温	℃	38
年平均最低气温	℃	2
年温差变化	℃	37
最大相对湿度	%	80
地形地貌	—	岛屿
土层厚度	m	2
地下水埋深	m	15.1
冻土深度	m	0
台基状况	—	完整
台基岩性	—	火山灰岩

1.2　台基背景噪声

　　通常情况下，由于受海浪影响，海岛地震台环境地噪声水平均较高，经实测试，斜阳岛地震台台址静态地脉动噪声功率谱密度均方值为 4.52×10^{-7}m/s，台基地动噪声功率谱密度曲线和地动噪声随时间分布柱状图分别见图5和图6。根据地震台站观测环境技术要求，评定该台的环境地噪声为Ⅳ级水平，作为架设宽频带地震计的海岛地震台站，仍基本满足环境地噪声水平不大于Ⅳ级要求。该台站将成为广西最南面的一个海岛地震台。从台网布局分布看，有利于与涠洲岛地震台共同形成对北部湾海域地震的有效监测，以提高北部湾海域的地震监测能力。

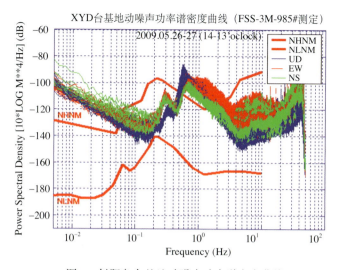

图 5 斜阳岛台基地动噪声功率谱密曲线

Fig.5 Power Spectrum Diagram of Ground Motion Noise at Xieyang Island Station

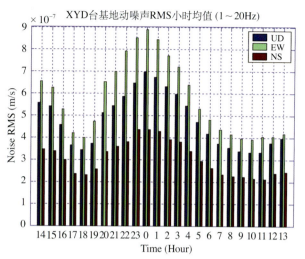

图 6 斜阳岛台基地动噪声随时间分布柱状图

Fig.6 Time Distribution Histogram of Ground Motion Noise at Xieyang Island Station

1.3 数据传输方式

由于斜阳岛远离陆地，岛上虽然设有中国电信和中国移动公司的基站，但由于岛上环境条件的限制，这些基站工作状态极不稳定，若采用 CDMA 和 GPRS 公网传输地震观测数据，较难保证地震台站实时观测数据传输的需要。为此，我们只能考虑采用自建无线信道的方式解决该台"最后一公里"的数据传输问题。考虑到斜阳岛台距涠洲岛仅有 18km 左右，且与"十五"期间建设的涠洲岛数字测震台具有良好的通视条件，另一方面，斜阳岛距北海市中心距离为 65km，理论上也存在由斜阳岛往北海市的扩频微波或超短波的通信路由条件，如图 7 所示。为此，我们将斜阳岛台台址选定在岛上较高的位置，目测上与涠洲岛及北海市区方向均保持有较好的开阔空间。经过实地对斜阳岛台址超短波信道场强储备测试，涠洲岛或斜阳岛到北海台的信道由于受到北海市区高楼大厦的阻挡，无法实现正常通信，测试结果见表 2。而斜阳岛台至涠洲岛台距离较近，且无任何障碍物阻挡，无线电场强储备较高，完全满足超短波电台要求达到的场强值，测试结果如表 3 所示。

涠洲岛数字测震台为"十五"中国数字地震观测网络项目建设的区域数字测震台站之一，该台采用 2M 光纤链路实时传输观测数据，足以满足增加斜阳岛台观测数据后传输的带宽需要，斜阳岛台到涠洲岛台数据通信网络拓扑结构如图 8 所示。

图 7 斜阳岛台、涠洲岛台及北海台位置及距离平面图

Fig.7 Distance Between Xieyang Island Station, Weizhou Island Station and Beihai Station on Plan

表2 涠洲岛台、斜阳岛台至北海台超短波信道场强储备测试结果

Table 2 Testing Result of VHF Channel Field Strength From Weizhou Island Station and Xieyang Island Station to Beihai Station

序号	站点名称	至北海台/km	经度/°E	纬度/°N	高程/m	发射功率/dBm	接收场强(RSS)I	天线类型	天线高度/m
1	涠洲岛	50	109.101	21.0306	40	37	0	定向	3
2	斜阳岛	65	109.353	24.9936	120	37	0	定向	10

表3 斜阳岛台至涠洲岛台超短波信道场强储备测试结果

Table 3 Testing Result of VHF Channel Field Strength From Xieyang Island Station to Weizhou Island Station

序号	站点名称	至涠洲岛台/km	经度/°E	纬度/°N	高程/m	发射功率/dBm	接收场强(RSS)I	天线类型	天线高度/m
1	斜阳岛	18	109.353	24.9936	120	37	-57db	定向	10
2	斜阳岛	18	109.353	24.9936	120	27	-63db	定向	10

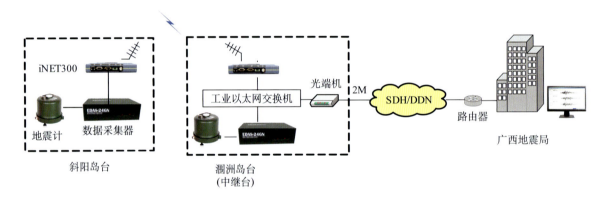

图8 斜阳岛—涠洲岛数据传输拓扑图

Fig.8 Xieyang–Weizhou Data Transition Topological Graph

2 台站土建工程

2.1 施工难点及处理

在土建施工过程中，遇到较多的问题和困难。一是材料的运输问题，由于从涠洲岛到斜阳岛未开通公共运输业务，所有的建筑材料均需先从北海市运至涠洲岛，再从涠洲岛租用渔轮转运至斜阳岛，材料即使运抵至斜阳岛码头后，还需要人工搬运到距码头3~4km远、高程达179m的台站建设点上，岛上能利用到的机械设备最多是一台手扶拖拉机，造成建筑材料费用大幅提高；二是施工人员在岛上的用水、用电等工作生活条件极为困难，影响施工进度；三是受季风影响，海面上风大、浪高，尤其是遇到台风，对材料运输和存放都带来影响。为尽可能降低工程造价和及时完成斜阳岛土建工程，项目实施小组成员与施工方精心组织，做好材料测算，准备好沙石、水泥、砖、钢筋等建筑材料，甚至不锈钢门、避雷塔、蓄电池、太阳能电池板等材料集中在涠洲岛上，在一次性租用较大的渔船运往斜阳岛，尽可能降低运输成本。同时在施工过程中，避雷塔、避雷带与土建同步施工，合理地安排施工方案，较好地处理了施工难度与工程进度、投资成本与质量的关系。

2.2 防潮、防腐蚀及保温措施

为满足地震仪对观测环境的温度与湿度要求，台站仪器房设计上考虑双层墙体结构及全密封设计，外墙墙厚为 200cm、内墙墙厚为 120cm，两墙之间为保持 70cm 宽间隔，如图 9 所示。设两道门，外层为防盗门，内层为保温门。鉴于海岛气候潮湿、腐蚀性强，为防止长期暴露在外的门窗、避雷铁塔、电台天线等金属构件易受到腐蚀，专门为该台订制了一个不锈钢防盗保温双层门，天线支架和避雷塔均采用了防锈蚀性强的热镀锌钢材；天馈线连接处采取了防水胶做好密封处理。

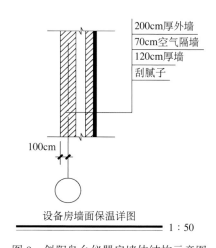

图 9 斜阳岛台仪器房墙体结构示意图
Fig.9 Plant Room wall Section at Xieyang Island Station

3 供电与避雷系统建设

3.1 太阳能供电系统

斜阳岛远离陆地，无电力部门提供的交流电源，夜晚，岛上渔民依靠自备发电机发电照明，而岛上日照强烈，为使用太阳能供电提供了良好的条件。按照台站设备总功耗 10W 计算，配备 320W 太阳能电池板和 400Ah/12V 容量的电瓶即能满足设备连续工作需要。为确保供电系统稳定可靠，电瓶拟选择过放电能力强的镉镍碱性蓄电池，尽管此类电瓶初期建设投入费用较铅酸蓄电池高一倍以上，但正常使用年限至少可 15 年以上，对后期运行维护管理带来方便。表 4 给出相近容量镉镍碱性电池与密封铅酸电池性能对比表。由此可见，碱性镉镍电池较铅酸电池性价比更高，较适合在野外恶劣的环境条件下使用。

表 4 GN300 镉镍碱性电池与 GM450 密封铅酸电池性能比较

Table 4 Performance Comparison Between GN300 Nickel-cadmium Alkaline Secondary Cells and GM450 Sealed Lead-acid Cells

项目指标	GM450酸性电池	GN300碱性电池
标称电压	2V/只	1.2V/只
容量	10h率容量450Ah	10h率容量360Ah
放电深度	60%～70%	100%
实际可使用容量	330Ah	360Ah
充电方式	恒压限流	恒流恒压均可
快充能力	不允许快充，最高一般在50h以上	可快充，达8～12h
初充电时间		

续表

项目指标	GM450酸性电池	GN300碱性电池
耐过充电能力	过充电会损坏电池	具有很强的耐过放电充能力
过放电	过放电会严重损坏电池，且无法恢复	过放电不会损坏电池
机械强度	差	强
腐蚀性	很强，且污染严重	无
设计寿命	6～8年	25年
实际使用寿命	2年半左右	保证使用15年以上
保存	存放期不能超过6个月，超过6个月贮存期的电池必须充电维护	存放期可达4年，电池性能不受影响
维护性	维护工作量大	少维护
可靠性	可以引起断路	不会引起断路
一次购入成本	低	高，约2倍

3.2 避雷与接地工程

雷电对台站观测设备的危害一般通过两个途径。一是直击雷，即雷电直接击中观测系统造成设备的损坏，直击雷较少发生，但其危害性极大，往往对台站仪器设备造成严重损坏；二是感应雷，通过电力线、信号线、传输线、天线等感应出很高的电压进入观测系统造成设备的损坏。斜阳岛台采用太阳能供电方式，可有效防止由交流电力线路引入的感应雷，而防止直击雷的措施之一则是在站房旁边架设12m高的避雷针，使房屋处于避雷针最高处往地下30°夹角所覆盖的范围内，如图10所示。

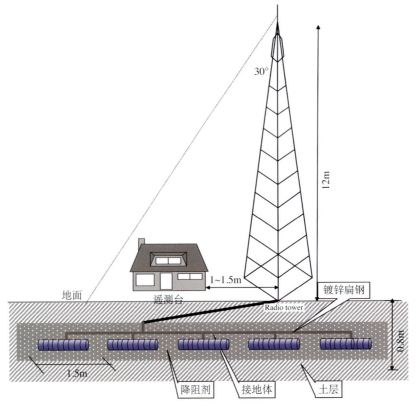

图10　数字地震台站避雷系统构成示意图

Fig.10　Lightning Protection System Structure Map for Digital Seismic Station

接地是避雷工程最重要的技术环节，不管是直击雷还是感应雷最终的结果是希望将雷电送入大地，因此，台站避雷性能的好坏与接地网的接地电阻有较大的关系，根据建筑防雷设计有关规范，台站避雷要考虑建筑物的避雷和仪器设备的避雷，建筑物接地电阻要求小于 10Ω，而仪器避雷地网接地电阻不大于 4Ω。由于地震台通常选址在具有大面积完整基岩出露的地方，这往往与地网建设环境条件要求相矛盾。地网建设若远离台站，不利于迅速将雷电流传导入大地。为此，尽可能地就近找到合适的地点埋设地网，若本地土壤电阻率较高，拟在接地体的周围填充化学降阻剂和换土等方式以降低土壤的电阻率，提高接地效果。若台站周边环境条件不允许单独埋设建筑物和仪器接地体，则可共用一个接地体，但除保证接地体的可靠外，还应考虑从地网不同点接入引下线。

3.3 设备安装及试运行

2013 年 4 月，斜阳岛台观测仪器设备全部安装调试完毕，系统试运行稳定正常，观测数据实时汇集到广西地震台网中心，数据连续率达 99% 以上。根据《中国地震背景场探测项目测震强震动联调与试运行方案》，2013 年 11 月，进一步完成了斜阳岛台观测数据实时汇集至中国地震台网中心的联调试运行工作。2014 年 4 月，中国地震台网中心批复同意广西地震背景场探测项目试运行期自 2014 年 4 月 15 日进入试运行，经对该时间段的试运行率统计，系统运行率更是达到 99.8%，标志着斜阳岛海岛地震建设任务取得较满意的实施效果，系统运行情况表明，该台的各项技术达到设计要求。斜阳岛台外观全貌及内部设备安装见图 11，图 12。

图 11　建设成后的斜阳岛数字测震台全貌
Fig.11　Outline of the Accomplished
Xieyang Island Digital Seismic Station

图 12　斜阳岛数字测震台内部设备安装情况
Fig.12　Interior of Xieyang Island Digital Seismic Station

4　结束语

广西地震背景场探测项目自 2009 年实施以来，广西地震局党组高度重视，严格按照中国地震台网中心项目办的部署全力以赴推进该项目建设。经过近几年努力，较好地完成了各项建设任务，尤其是在斜阳岛台建设过程中，统筹规划，克服了征地难度大、建台材料运输成本高、通信基础条件差、海水腐蚀强等困难，高质量地完成了台址勘选、土建、电气、通信和防雷工程及仪器设备安装调试工作，中国地震局、国家海洋局等有关部门的领导和专家在参观斜阳岛台后，对斜阳岛台建设的成功经验给予了充分肯定，成为中国地震背景场探测项目海岛台建设的示范性工程。

参考文献

姚宏. 2011. 广西区域数字地震台网建设与发展. 华南地震，31 (4)：29～38.

中华人民共和国国家质量监督检验检疫总局，中国标准化管理委员会. 2004. 地震台站观测环境技术要求　第1部分：测震 (GB/T 19531.1—2004). 北京：中国标准出版社.

Construction Experience of Xieyang Island Digital Seismic Station in Guangxi

YAO Hong　CHEN Xin　MOU Jianying　YANG Chaoying　LONG Zhengqiang

(Earthquake Administration of Guangxi Autonomous Region, Nanning 530022, China)

Abstract: The sea area constitutes a vast portion of China, and the seismic station network has extended from land to sea area during the last decade. Restricted by various objective conditions, seismic station construction on island has always been difficult. Based on the construction experience of Xieyang island digital seismic station, this article summarizes some referential experience on site selection, data transition, water preventing as well as anticorrosive treatment.

Key words: Island; Station construction; background field; Experience and learning

利用背景场流动测震设备开展多台基背景噪声对比试验

孙路强　柳艳丽　崔晓峰　卞真付　郭　巍

（天津市地震局，天津　300201）

摘要： 天津市地震局在背景场项目期间共建设完成 7 个流动测震台站和 1 个流动台网中心，由于流动测震台网建设的特殊性，项目建设后期无需试运行过程。项目组根据这一情况，结合天津地质构造复杂，大部分被新生代沉积物覆盖，且覆盖层深，现阶段地震观测主要采用井下观测方式的情况，利用流动测震设备进行同台多种台基的对比试验，探索一种新的测震台站观测系统来取代现有井下地震观测，同时能够达到测试流动测震台站的目的。

关键词： 背景场；流动测震；井下观测；台基噪声

背景

天津市覆盖层深，很难找到合适的基岩部分建设台站，除蓟县地震观测台为基岩地表台外，其余均为井下地震观测。对于井下地震观测仪器维护人员面临着台站建设成本高，仪器维修维护困难等不利因素，天津市测震台网一直在探究一种新的台基选择方案来替代现有的井下观测，因此利用背景场流动测震设备在宝坻等多个测震台站，进行了多台基噪声对比试验。

1　国内外研究现状

美国地质调查局阿尔伯克基地震实验室曾开展过噪声特征分析研究，定量分析了全球 75 个固定地震台站的地震背景噪声功率谱密度，得到了全球地震背景噪声模型（葛洪魁等，2013）。其模型主要包括新高噪声模型（NHNM）和新低噪声模型（NLNM），并提出了用概率密度函数统计分析地震观测台站噪声水平方法，该方法被应用于观测中进行质量控制。同时国内也有利用不同地质条件和环境噪声的地点，进行不同台基条件和环境噪声的对比实验，但由于存在观测条件可比性和仪器一致性等方面的不足，因此使得该规律仅具有统计性。

2　实验观测系统

天津市地震局背景场流动测震项目组利用流动测震设备，在行政区内 6 个台站展开了同台多台基对比试验，并根据实验结果评估了不同台基的监测能力以及进行了噪声区划分析，通过实验结果论证通过一定条件的台基处理的地表观测，是否能够达到或接近井下观测的效果。现以宝坻地震台的实验为例，介绍实验观测系统的搭建，宝坻台多台基实验系统由 2 个流动台站，1 个井下固定台站和 1 个流动台网中心组成。表 1 列出了台站设备的使用情况。其中，L1201 架设于经过处理的 GNSS 观测室基墩之上，该观测墩深入地下部分为 20m；L1202 架设于观测室未加处理的地面之上；BAD 为台站现有固定井下地震观测台；各台站均采用 GPS 统一授时，观测数据通过内部网络汇集于流动测震台网中心服务器，并进行数据存储，流动台站架设如图 1 所示。

表 1 台站设备使用情况
Table 1 Equipment Being Used in the Study

序号	台站代码	地震计类型	数采类型	周期/s	采样率/SPS
1	L1201	CMG–40TDE	CMG–DM24	2	100
2	L1202	CMG–40TDE	CMG–DM24	2	100
3	BAD	BBVS–60DBH	EDAS–24GN	60	100

图 1 流动实验台架设
Fig.1 Set Up the Experiment Flow Stations

3 台站架设

L1201 架设于 GNSS 观测基墩上，该基墩基础深入地下 20m 处，宽 8cm 环布隔震槽内填细砂，观测基墩结构见图 2；L1202 架设于 GNSS 观测室地面之上，未加台基处理，作为自由场地进行观测；BAD 台为原有井下地震观测台。通过上述"一地三点"的台站架设方案，来考量井下观测、自由场地、较深台基处理三种情况下场地背景噪声情况、单台监测能力以及噪声重要来源等，从而判断何种台基更接近或优于现有井下观测（郭若瑾等，2003）。

4 实验结果分析

4.1 台站地动噪声RMS值计算

地震计的工作原理是将数字电压值转化为实际计算中所使用的速度值，其计算公式为：

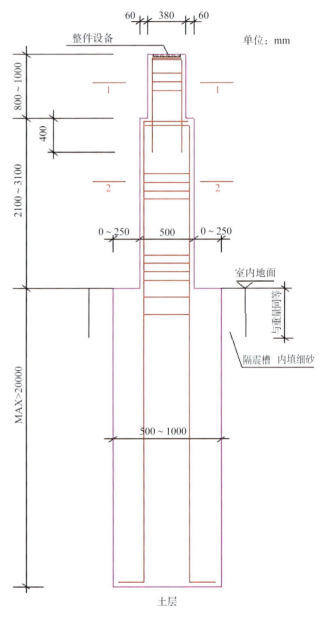

图 2 GNSS 观测基墩结构图
Fig.2 The Structure Chart of GNSS Pier

$$v = \frac{N \cdot V_0}{R \cdot S_1 \cdot G_m}$$

式中，v 为地脉动速度值；V_0 为模拟输入电压峰值；N 为记录背景噪声数字数；R 为仪器分辨率；G_m 为数采工作增益；S_1 为地震计工作灵敏度。以地脉动的有效值（RMS）来衡量台站的噪声水平，可以表征整个观测频带的噪声水平，用该值衡量噪声水平能够对来自不同噪声源的噪声，按照同一尺度进行比较（裴晓等，2012）。

$$RMS = \sqrt{\frac{1}{n-1} \sum_{i=1}^{n} (v_i - \bar{v})^2}$$

式中，n 为测量次数；v_i 为某一点实际测得的地动速度值；$\bar{v}$ 为实际测得的地动速度均值。实验具体结果如表 2 所示。

表 2　宝坻台实验系统各测点 RMS 均方根值

Table 2　The RMS Parameters of the Baodi Experiment System

序号	台站代码	观测环境	UD/(m/s)	EW/(m/s)	NS/(m/s)
1	L1201	基墩	3.50885E−7	6.81983E−7	6.94161E−7
2	L1202	自由场地	4.60943E−7	7.12705E−7	7.33152E−7
3	BAD	井下	6.82734E−8	5.67904E−8	5.38647E−8

从实验结果中能够看出通过一定台基处理的地表观测方式，能够达到Ⅲ～Ⅳ类环境地噪声水平。

4.2　不同台基噪声对比分析

通过图 3 能够看出噪声变化比值垂直向明显大于水平向，说明架设于 GPS 基墩上的地震计在垂直向噪声控制上要明显优于对水平向噪声的控制，同时能够看出 13～20 时的噪声值达到一天中的顶峰，室内两个观测点水平向噪声均高于垂直向，说明东西、南北两个分向存在比较大的干扰源，基本推断为分别位于北侧和西侧的唐通公路和津蓟高速。

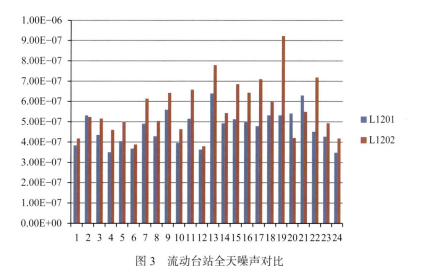

图 3　流动台站全天噪声对比

Fig.3　The Contrast Figure of Flow Stations Noise all the Day

4.3 单台监测能力

利用近震震级公式计算观测效果较好的 L1201 设备单台监测能力，评估该位置记录地震的能力。公式为：

$$M_L = \lg A_\mu + R(\varDelta) + \alpha$$

表 3 宝坻台 L1201 观测点单台监测能力
Table 3 The Single Monitoring Ability of L1201

$\varDelta$/km	$R(\varDelta)$	M_L	$\varDelta$/km	$R(\varDelta)$	M_L
0~5	1.8	1.7	150~160	3.6	3.5
10	1.9	1.8	170~180	3.7	3.6
15	2.0	1.9	190~200	3.7	3.6
20	2.1	2.0	210~220	3.8	3.7
25	2.3	2.2	230~240	3.9	3.8
30	2.5	2.4	250~260	3.9	3.8
35	2.7	2.6	270~280	4.0	3.9
40	2.8	2.7	290~300	4.1	4.0
45	2.9	2.8	310~320	4.1	4.0
50	3.0	2.9	330	4.2	4.1
55	3.1	3.0	340	4.2	4.1
60~70	3.2	3.1	350~370	4.3	4.2
75~85	3.3	3.2	380~390	4.3	4.2
90~100	3.4	3.3	400~420	4.4	4.3
110	3.5	3.4	430~460	4.4	4.3
120	3.5	3.4	470~500	4.5	4.4
130~140	3.5	3.4	510~600	4.5	4.4

5 取得成果

5.1 流动台站记录地震情况

架设于不同点位的实验流动仪器记录到多次近震、远震，地震事件可作为计算得到的单台监测能力的实际依据，同时根据记录地震质量情况和监测能力计算结果，确定该区域以及相似地区观测环境情况，为下一步观测环境分区和应急流动观测台基选择提供基础，图 4 给出了宝坻 L1201 观测点对河北霸州 M2.8 地震的记录情况。

5.2 监测能力估计

利用近震震级公式计算各实验点位单台监测能力，并根据各测点观测能力绘制实验台站监测能力分布情况和行政区整体区划图（孙路强等，2014）作为流动台站布设依据，同时为天津测震台网今后建设或改进测震台站提供数据支持，可利用一定台基处理的地表观测代替井下地震观测，方便地震计的维护，降低台站架设成本。试验点位监测能力分布示例图见图 5，区域划分图见图 6。

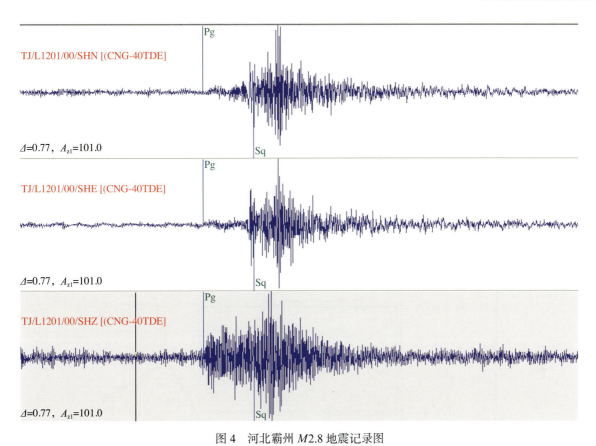

图4　河北霸州 *M*2.8 地震记录图

Fig.4　The Seismic Record Figure of he Bei BaZhou *M*2.8

宝坻台L1201观测点监测能力

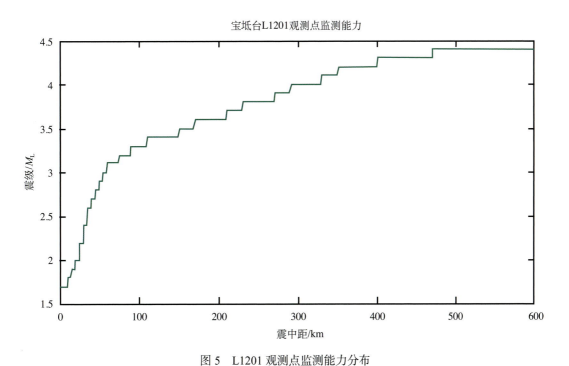

图5　L1201 观测点监测能力分布

Fig.5　The Monitoring Capacity Distribution of L1201

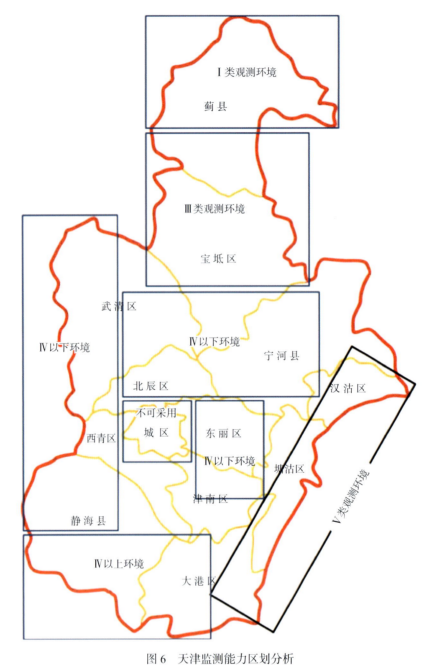

图 6　天津监测能力区划分析
Fig.6　The Tianjin Division of Monitoring Capability

6　结论

通过实验绘制天津行政区域内的台基类型划分图，为流动测震台架设提供合理建议，同时为井下测震台改造打下基础，在台基类型划分较好的地区，可利用一定台基处理的地表观测或半地下观测取代现有观测方式，将方便设备的维护，同时在方位确定上更加方便，避免了井下台在提井作业时出现卡井断缆的风险，将大大提高台站连续率和观测数据质量，同时能够满足责任区内地震速报的要求。

参考文献

郭若瑾，韩新民，赵永庆．2003．橡胶隔震支座建筑结构脉动观测与减震性能分析．地震研究，26(2)：201~207.

葛洪魁，陈海潮，欧阳飚，等．2013．流动地震观测背景噪声的台基响应．地球物理学报，56(3)：857~868.

裴晓，尹继尧，杨庭春．2012．上海遥测台网各类型台基噪声分析．地球物理学进展，27(5)：1897~1903.

孙路强，柳艳丽，刘文兵，等．2014．沉积层地震观测噪声的对比实验．震灾防御技术，9(4)：932~936.

Application of Ambient Seismic Noise Contrast Experiment in Underground Observation Base on Flow Equipment

SUN Luqiang　LIU Yanli　CUI Xiaofeng　BIAN Zhenfu　GUO Wei

(Earthquake Administration of Tianjin Municipality，Tianjin 300201，China)

Abstract: Earthquake Administration of Tianjin Municipality builded seven flow station and a flow network center durning the background field period. Because the project didn't need to try to run，the project team given that background and combined the Tianjin complicated geologic structure. We widely used the underground observational at the present stage. We developed the contrast test base on different stylobate. We search the new way which may replace the underground observation. At the same time，the experiment achieved the goal which tested the flow station.

Key words: background field；mobile seismic station；underground observational；seismic noise

偏振分析算法测定井下地震计方位角偏差

龙剑锋　张学应　骆佳骥　赵希磊

（安徽省地震局，合肥　230031）

摘要：基于 P 波质点的振动方式与初动方向，采用偏振分析算法，计算 8 次近震数据构建偏振椭球的协方差矩阵方程，得到特征向量值，估算地震计的相对安装方位，对比得到井下地震计方位角偏差。本文分析计算阜南井下台地震观测波形数据，得出地震计三分向输出极性正常与水平方位偏差约 9°。

关键词：偏振分析法；STA/LTA；方位角偏差；P 波；特征向量值

引言

由于高精度寻北设备缺失与人为因素等影响，一些地震计在安装时出现水平向方位偏差，导致地震台站记录的地震波方位、极性等信息出现误差。"十二五"期间，安徽省地震监测预警能力项目的实施，使安徽地震台网由 3 个增至 15 个井下测震台，确定井下地震计安装水平方位角的准确性，对保证台站数据质量比较重要。本文应用单台地震初至 P 波，基于偏振分析算法，计算震中相对于台站地震计的水平方位，辨别地震波输出极性，与地震编目给出的震中方位与极性相比较，得出地震计方位角偏差参考值。

1　偏振测定法原理

偏振分析法计算震中方位角，即依据地震 P 波质点轨迹的偏振椭球模型，求出质点的主震运动方向，偏振椭球的主轴确定时间窗内的 P 波质点运动。纯线性偏振，只有一个非零本征值，如体波 P、SH 或 Love 面波。纯椭圆偏振有两个非零本征值，如 Rayleigh 波。在实际应用中，有 3 个本征值且一般为不相等的非零值，称之偏振椭球。从主轴计算属性可以提取有关地面运动特征的定量信息，从而计算地震波地面质点运动的偏振方向、入射角和能量分布等偏振特性的偏振参数（林建民等，2012；马亮等，2014；周彦文等，2010）。

设定在某一时段内地震计记录的正交三分向地震记录 $A = [A1(t)\ A2(t)\ A3(t)]$，其中 $A1(t)$、$A2(t)$、$A3(t)$ 分别为垂直、南北、东西向地震记录。矩阵 A 对应的协方差矩阵 M 为 3×3 实对称矩阵，且

$$M = \begin{bmatrix} I_{11}(t) & J_{12}(t) & J_{13}(t) \\ J_{21}(t) & I_{22}(t) & J_{23}(t) \\ J_{31}(t) & J_{32}(t) & I_{33}(t) \end{bmatrix} \tag{1}$$

式中，$I(t)$、$J(t)$ 为地震记录的自方差和互方差，即

$$I_{ii}(t) = \frac{1}{T} \int_{t-T/2}^{t+T/2} (A_i(t) - \mu_i)^2\, \mathrm{d}t \tag{2}$$

$$J_{ij}(t) = \frac{1}{T} \int_{t-T/2}^{t+T/2} (A_i(t) - \mu_i)(A_j(t) - \mu_j)\, \mathrm{d}t \tag{3}$$

式中，T 为时间窗长度，μ_i 为对应方向在该时间窗内平均值。

协方差矩阵 $\boldsymbol{M}$ 是半正定矩阵，其特征值为非负实数，$\boldsymbol{M}$ 为椭球二次形式的系数矩阵，该椭球为最小二乘法的最佳拟合。求出协方差矩阵 $\boldsymbol{M}$ 的特征值，并按照从大到小排列，即 $\lambda_1 \geqslant \lambda_2 \geqslant \lambda_3 \geqslant 0$，对应的特征向量依次为 $[\vec{u}_1, \vec{u}_2, \vec{u}_3]$，本征矢量 $\vec{u}_1$ 给出地震记录的主要偏振方向。

地震震中相对于台站地震计的安装地理位置的方位角 γ（从正北开始，顺时针旋转）可由记录的地震波主要偏振方向 $\vec{u}_1 = [u_{11}, u_{12}, u_{13}]$ 计算得出，即该向量在水平面上东西、南北两个分量的反正切

$$\alpha = \arctan \left| \frac{u_{13}}{u_{12}} \right|, \quad 0 \leqslant \alpha \leqslant 90° \tag{4}$$

当 $u_{12} = 0$ 时，$\alpha = 90°$。结合向量 $\vec{u}_1$ 的 3 个元素的极性，可以得出方位角 γ，即

$$\gamma = \begin{cases} \alpha, & u_{11} < 0,\ u_{12} > 0,\ u_{13} > 0 \\ 180° - \alpha, & u_{11} < 0,\ u_{12} < 0,\ u_{13} > 0 \\ 180° + \alpha, & u_{11} < 0,\ u_{12} < 0,\ u_{13} < 0 \\ 360° - \alpha, & u_{11} < 0,\ u_{12} > 0,\ u_{13} < 0 \\ 180° + \alpha, & u_{11} > 0,\ u_{12} > 0,\ u_{13} > 0 \\ 360° - \alpha, & u_{11} > 0,\ u_{12} < 0,\ u_{13} > 0 \\ \alpha, & u_{11} > 0,\ u_{12} < 0,\ u_{13} < 0 \\ 180° - \alpha, & u_{11} > 0,\ u_{12} > 0,\ u_{13} < 0 \end{cases} \tag{5}$$

以台站为中心，依据地理北建立坐标系 NOE，依据地震计的视北与视东方向建立坐标系 N′OE′，顺时针旋转为正，由单台地震记录计算得出震中相对于台站的方位角 γ，根据台网提供的震中经纬度与台站经纬度，计算二者方位角 θ，偏差代表地震计水平方向方位角偏差 $\beta = \theta - \gamma$，见图 1（和跃时，2004；山长仑等，2012）。图 1 中，N、E 为台站所在位置的真地理北与东方向，N′ 与 E′ 为地震计的视北与视东方向，θ 为依据台站、震中经纬度计算得出的方位角，γ 为依据地震记录利用偏振分析算法得出的方位角，β 为台站 N 向方位偏差，以顺时针旋转为正。

以安徽六安地震台为中心，自台站地震计方位角校正后的地震记录中，选取 4°×4° 范围内 36 个里氏震级 $M_L > 2.5$ 的地震波形，依据偏振分析算法与编目中 P 波到时，计算方位角偏差均值为 −0.18°，其方位角偏差分布见图 2。

鉴于使用测定台站方位的 NV–NF301（TZ）或 SD1–141 寻北仪的精度为 0.3°，且六安地震台校正后地震计方位角为 0.1°，联系 36 组地震波形计算求得的地震方位角偏差均值，最终得出偏振分析法计算震中方位角误差参考值为 0.6°。

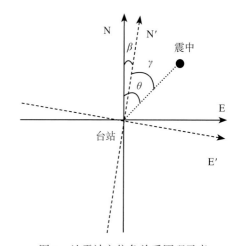

图 1　地震计方位角关系原理示意

Fig.1　A Schematic Diagram of Calculating the Seismometer Azimuth

2　数据处理

阜南井下地震台，成井深度达 500 m。2013 年 7 月，在井深 476 m 处安装 BBVS–60DBH 宽频带井下地震计，与 EDAS–24GN 数据采集服务器组成观测系统，2013 年 12 月数据实时传输至安徽省地震局

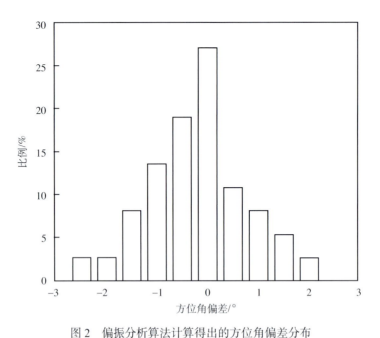

图 2　偏振分析算法计算得出的方位角偏差分布

Fig.2　The Azimuth Deviation From the Polarization Analysis Method

台网中心，至今运行正常。

为精确测定井下地震计底座方位，使用 TLX–01A 光纤陀螺连续测斜仪测量，测值作为底座最终定位方向。经实测，阜南测震台井下地震计底座方位为 229.58°，利用地震计方位导向杆校正地震计方位，保障井下地震计方位正北指向。

2.1　资料选取

以阜南地震台站经纬度为中心，选取井下台 2013 年 12 月至 2015 年 3 月 4°×4° 范围内 8 个 $M_L \geqslant 3.0$ 地震，地震参数见安徽省测震台网地震观测目录，具体参数见表 1。

表 1　地震目录

Table 1　Earthquake Catalog

地震编号	发震时间 （年–月–日，时:分）	纬度/°N	经度/°E	震源深度/km	M_L	震中参考地名
1	2014–03–16T20:04	32.43	117.13	6	3.6	安徽长丰
2	2014–04–20T16:00	31.37	116.12	6	4.4	安徽霍山
3	2014–07–25T00:48	31.99	117.47	6	3.7	安徽肥东
4	2014–10–22T13:34	31.52	115.52	6	3.7	安徽金寨
5	2014–10–26T01:25	31.52	115.52	5	3.9	安徽金寨
6	2014–10–28T19:33	31.52	115.52	5	3.6	安徽金寨
7	2015–03–14T14:13	33.06	115.83	6	4.8	安徽阜阳
8	2015–03–23T04:27	33.06	115.83	6	4.1	安徽阜阳

2.2　方位角偏差计算

由于实际观测系统中各分向灵敏度存在差异，为了减少误差，将 8 个地震原始记录 counts 值转换成对应的地动速度值，经滤波、去均值和线性成分，得出处理结果。

采用特征函数 $CF(i) = Y(i)^2 - Y(i-1) \cdot Y(i+1)$，$Y(i)$ 为地震记录在 i 时刻的地动速度，通过

STA/LTA 比值法，计算初至 P 波到时（高淑芳等，2008）。图 3 为利用 STA/LTA 比值法计算的 2014 年 10 月 22 日金寨地震波 P 波初至到时。

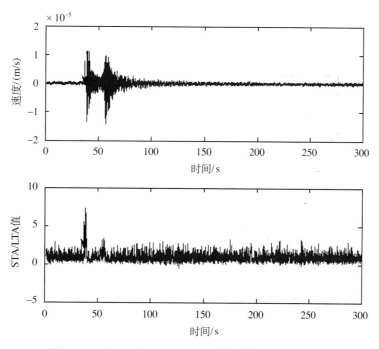

图 3　2014 年 10 月 22 日金寨地震波形的 STA/LTA 曲线
Fig.3　STA/LTA Curves for Jinzhai Seismic Signal on October 22nd，2014

采用偏振分析算法计算，地动加速度、地动速度和地动位移方位角最小误差的时间窗口长度分别是 0.2s、0.3s 和 0.9s（马亮等，2014），鉴于后续震相及近台散频入射波可能存在的干扰，本文数据处理时采用时间窗口为 0.3s。

地震 P 波初动方向中，水平南北向初动向上为正、向下为负；水平东西向初动向上为正、向下为负，垂直向初动向上为正、向下为负。当垂直向初动向上时，表示台站记录的地动速度矢量远离源方向，水平向极性恰好互换。

选取的 8 次地震进行分析计算，结果见表 2。

表 2　阜南地震台相应地震测量参数
Table 2　The Seismic Parameters of Funan Seismic Station

地震编号	震中距/km	θ /°	azi /°	β /°	P波初动方向		
					NS	EW	UD
1	146	98	90	8	+	−	+
2	151	158	156	2	+	−	+
3	191	109	98	11	+	−	+
4	126	184	178	7	+	−	+
5	126	184	178	6	+	−	+
6	126	184	175	8	+	−	+
7	50	29	19	10	−	−	+
8	50	29	17	12	−	−	+

对所选 8 次地震，阜南地震台及安徽省地震编目给出与基于偏振分析算法得到的震中位置分布对比见图 4。图 4 中，8 次地震依据表 1 中给出的地震编号进行标识。

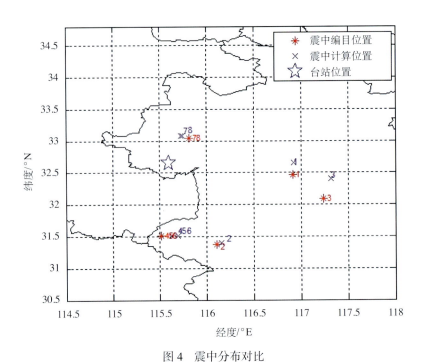

图 4　震中分布对比
Fig.4　The Distribution of the Epicenters

对表 2 中 P 波初动方向分析发现：编号 4～6 有 3 个地震记录的初动方向与理论方位存在误差，由震中与台站经纬度计算的震中位置在台站西南方向，而由记录波形得出的震中位置在台站东南向；其他 5 个地震 P 波初动方向正常。分析认为，编号 4～6 对应地震的震中在台站正南方向，可能是因井下地震计存在方位角偏差而导致计算误差所致。

对表 2 中阜南井下台地震计水平向方位角偏差分析发现：8 个地震记录经处理后均存在方位偏差，进行加权平均，得出该台地震计水平向方位偏差值约 9°。

3　结束语

依据偏振分析算法，选取 8 个典型近震记录波形数据，计算阜南井下台地震计方位角偏差，发现 3 个分向极性输出正常。考虑到地下传播介质的各向异性，尽量选用"镜像地震对"，要得到更加精确的计算结果，则需要选取足够多的震例。

由于阜南井下台是一个新建台站，运行时间不长，记录的较大地震不多，因此偏振方法计算结果可能存在一些误差，有待积累资料进一步验证。

参考文献

高淑芳，李山有，武东坡，马强．2008．一种改进的 STA/LTA 震相自动识别方法．世界地震工程，24（2）：82～95.
和跃时．2004．利用数字地震记录计算震中方位角方法简介．东北地震研究，20（1）：48～53.
林建民，杨微，陈蒙，吴仁豪，葛洪魁．2012．偏振分析在地震信号检测中的应用．中国地震，28（2）：133～143.

马亮，卢建旗，朱敏，郭晓云. 2014. 偏振分析计算震中方位角的精度分析. 防灾科技学院学报，16 (1)：36~47.

山长仑，李霞，范培乐，李亚军，于澄，蔡伟光，赵淑华. 2012. 利用P波初动测定地震计水平分向的定向偏差. 地震地磁观测与研究，33 (5/6)：231~235.

周彦文，刘希强，李铂，许丹，张坤，胡旭辉，苗庆杰. 2010. 基于单台P波记录的快速自动地震定位方法研究. 地震研究，33 (2)：183~188.

To measure the azimuth deviation of the deep seismograph using polarization analysis method

LONG Jianfeng   ZHANG Xueying   LUO Jiaji   ZHAO Xilei

(Earthquake Administration of Anhui Province, Hefei 230031, China)

Abstract: Based on the P wave particle vibration and the P wave onset, the azimuth deviation of the Deep Seismograph by comparing the azimuth of the epicenter relative to the earthquake meter which is calculated from the feature vector of the co-variance matrix of the polarized ellipsoid according the eight seismic signal is measured through the polarization analysis method. The three points of the Funan earthquake meter are normal and the azimuth deviation is about 9° by the seismic signal.

Key words: polarization analysis method; STA/LTA; azimuth deviation; P wave; feature vector

背景场秀山测震台在提高渝东南地震监测能力中的作用

王同军　　戴应洪

（重庆市地震局，重庆　410047）

摘要：根据中国地震背景场探测项目"优化观测台网布局，填补空白监测区域"的宗旨，2013 年 10 月，重庆局背景场测震台站秀山台（XIS）、巫溪红池坝台（HCB）建成试运行，特别是秀山台大大弥补了渝东南地区监测能力明显不足的问题，秀山台更是渝东南地区的第一个宽频带台站。本文计算了渝东南地区四县在秀山台建成前后的地震监测能力，得到渝东南地区监测能力大大增加的结论。

关键词：背景场；监测能力；背景噪声

1　重庆市测震台站分布

　　重庆数字地震台网由 1 个国家台，"十五"建成的 11 个区域台；"三峡"项目建成的 15 个测震台；2013 年 9 月新接入背景场台站 2 个；彭水电站建成的 6 个企业台站组成。另外，我们还从周边省接入了 17 个台站，四川 6 个、陕西 1 个、湖北 7 个、湖南 1 个、贵州 2 个，见图 1。

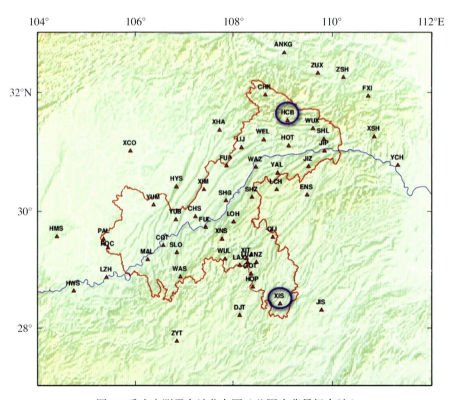

图 1　重庆市测震台站分布图（蓝圈为背景场台站）

重庆市东南地区（彭水、黔江、酉阳、秀山4个土家族自治县）地处渝东南地区褶皱带，系武陵山二级隆起带南段，由于该地区历史地震较少，测震台站分布稀疏，仅有因彭水电站水库的安全需要建成的彭水水库测震台网（由6个短周期测震台站和1个强震台站组成），以及黔江（QIJ）测震台站。随着背景场项目的实施，渝东南地区的酉阳县和秀山县才有了第一个宽频带测震台站——秀山台（XIS）。该台站观测主设备选用CTS系列高灵敏度、宽频带高性能CTS-2F宽频带地震计，数采为EDAS-24GN；数据传输网络选用有线2M传输网络；仪器供电采用市电＋蓄电池供电方式。

2　渝东南地区监测能力的计算

为了计算秀山台建成后渝东南地区的监测能力，根据地方震和计算近震震级的计算公式 $M_L = \lg(A_m/v) + R(\Delta) + s$（其中 A_m 为振幅，v 为放大倍数，$R(\Delta)$ 为量规函数，s 为垂直分向校正值，取为0.1）来计算监测能力。当记录到的最大全振幅为4 mm时，认为台站能记录到此次地震事件。取 M_L 为不同步长的震级数值时，则可由上式求得不同震级所对应的 $R(\Delta)$，查 $R(\Delta)$ 表即可得到各台站对相应震级的监测距离，对空间按5km×5km做网格扫描，若该网格有4个台能监测到，则认为该网对该点具有监测能力，从而得到地震监测能力。计算结果为地区每个经纬度组合所对应的监测最小震级。

此次计算监测能力时所设置的主要参数如下：①各个经纬度点的监测能力的最小值的范围 M_L0.5～3.0；②震级间隔0.1；③完整监测一个事件需要的台站数，速报要求最少4个台站；④单台可分辨地震事件的信噪比为3，即信号幅度大于地脉动噪声3倍；⑤允许的最大台站分布空隙角，设为315°，使定位台站基本能包围震中；⑥每个台站的背景噪声取2015年全年的平均结果。

经计算，得到渝东南地区的监测能力等值线图如图2所示。

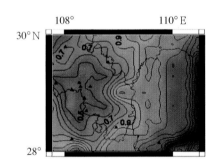

图2　渝东南地区四县地震监测能力等值线图

3　监测能力结果分析

从监测能力等值线上看，渝东南地区的监测能力在 M_L0.9以下，特别是对于秀山和酉阳县，监测能力大幅度提高，秀山主城区的监测能力提高了0.5级，对于其辖区内的钟灵水库库区的安全有着积极意义；酉阳主城区的监测能力提高了0.2级。对于彭水县城来说，因为电站水库监测台网的存在，该地区的监测能力变化不大。因秀山台距离较远，该台在提高黔江主城地区的监测能力方面，作用不大，结果见表1，图3。图3中，监测能力（前），指的是未建设秀山台之前，监测能力（后），指的是建设秀山台之后。

表1　渝东南四县监测能力对比

地　名	经纬度	监测能力（前）(M_L)	监测能力（后）(M_L)
秀山城区	28.4°N，108.9°E	1.4	0.9
酉阳城区	28.8°N，108.7°E	0.7	0.5
彭水城区	29.2°N，108.1°E	0.6	0.5
黔江城区	29.5°N，108.7°E	0.8	0.8
彭水水库（彭水）	28.9°N，108.3°E	0.6	0.5
钟灵水库（秀山）	28.3°N，108.9°E	1.4	0.9

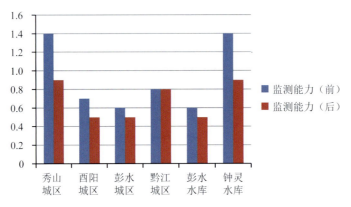

图3　渝东南地区四县地震监测能力对比图

4　结束语

通过重庆市背景场测震台站建设，特别是秀山测震台站的建设，大大提高了渝东南地区，尤其是秀山县、酉阳县的地震监测能力，实现了该地区监测的数字化、网络化和现代化。此外，与其他观测手段相互配合更是提高了整体观测能力，达到了手段丰富、布局合理的既定目标，使监测能力进一步增强。

"十一五"背景场项目地磁台网仪器安装要求与建议

李 琪 杨冬梅

（中国地震局地球物理研究所，北京 100081）

"十一五"背景场项目引入地磁台网的新型磁力仪有两种，一种是 GM4-XL 磁通门磁力仪，另一种是 GSM-90 Overhauser 磁力仪。本文就这两种仪器进行简单的介绍，并对仪器安装方式提出一些建议。

1 GM4-XL磁通门磁力仪

1.1 设备外观图

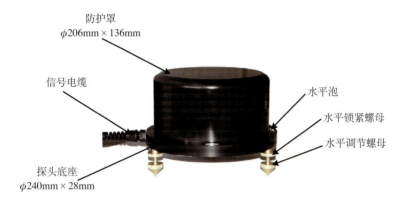

图 1 GM4-XL 磁通门磁力仪探头

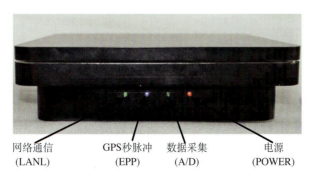

图 2 GM4-XL 磁通门磁力仪主机前面板

1.2 物理尺寸

探头：ϕ240mm×164mm。

主机：264mm×232mm×67mm。

探头与主机连接的信号电缆：20m（最长为 50m）。

1.3 与"十五"GM4磁通门磁力仪的区别

GM4-XL磁通门磁力仪不同于"十五"GM4磁通门磁力仪，区别在于。

（1）GM4-XL仪的探头包括了"十五"GM4仪的探头和模拟盒两部分，而GM4台站式磁通门磁力仪的模拟盒是独立的，GM4台阵式磁通门磁力仪的模拟盒与主机集成在一起。

（2）探头与主机连接的信号电缆为20m（可延长到50m），比较GM4台阵式磁通门磁力仪而言，GM4-XL仪的架设方便很多。

（3）GM4-XL仪主机无彩色LCD屏，需外接笔记本电脑才能查看数据曲线。

（4）GM4-XL仪只能连接12V直流电，如果使用AB电源，需加上12V DCDC模块以稳定输出电压。

2 GSM-90 Overhauser磁力仪

2.1 设备外观图

GSM-90 Overhauser磁力仪（图3）由探头、电路装置和主机三部分组成。

图3 GSM-90 Overhauser磁力仪

2.1.1 GSM-90探头

GSM-90探头用固定装置固定（图4），安装在地磁观测墩上，可用强力胶水固定。

图4 GSM-90探头及固定装置

2.1.2　GSM-90 电路装置

GSM-90 电路装置有 3 个接口（图 5），其中 1 个接口连接二合一电缆（图 6）。二合一电缆一端接入 220V 交流电源，长度为 4.5m，另一端用于连接主机 RS232 口传输数据，长度为 1m，必要的时候可以连接长度 30m 的 RS232 转 RS485 延长电缆（图 7）。GSM-90 电路装置的另外 2 个接口是探头接口，探头电缆（图 8）由两股电缆组成，长度为 10m。

图 5　GSM-90 Overhauser 仪电路装置

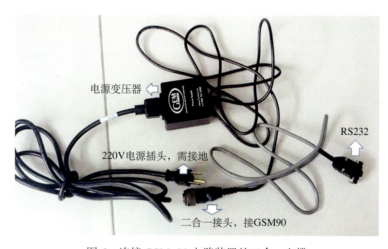

图 6　连接 GSM-90 电路装置的二合一电缆

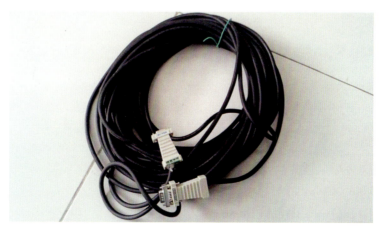

图 7　RS232 转 RS485 延长电缆

图 8　连接 GSM-90 仪电路装置的探头电缆

2.1.3　Overhauser 主机

　　Overhauser 主机（图 9）是由中国地震局地壳应力研究所研发。该装置安装于地面设施中，要求 220V 可接地的交流电源供电，背面主要有 4 个接口：网口（用于连接地震行业专网或连接电脑）2 个 RJ232 串口；另 2 个 1 个用于连接 GSM-90 电路装置接收数据，另 1 个用于连接电脑以便调试 1 个 GPS 天线连接电缆接口。

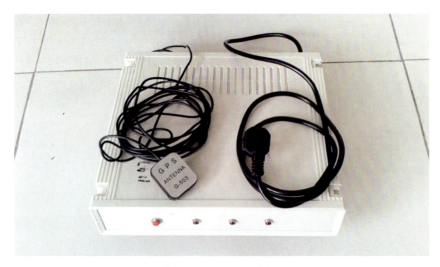

图 9　Overhauser 主机

2.2　物理尺寸

　　探头：ϕ70mm×150mm。

　　电路装置：223mm×69mm×240mm。

　　主机：290mm×257mm×64mm。

　　探头支架：220mm×150mm×100mm/160mm。

　　GSM-90 电路装置连接探头的线缆长度：10m。

GSM-90 电路装置接入 220V 交流电源的电缆长度：4.5m。

GSM-90 电路装置连接主机 RS232 口的电缆长度：1m。

RS232 转 RS485 延长电缆：30m。

主机电源电缆长度：1m。

主机 GPS 天线长度：5m。

2.3　对仪器安装架设的建议

（1）布置方案一（图 10），适用于基准台。探头和电路装置安装在记录室，主机放置在地面设施，采用 RS232 转 RS485 延长电缆连接。

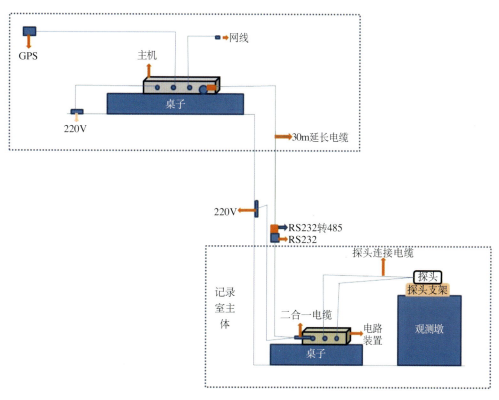

图10　布置方案一

（2）布置方案二（图 11），适用于基本台。电路装置、主机放置在一起，选择用仪器自带的 RS232 线缆即可满足要求。探头安装在地埋或者地面的无磁性设施里。

3　注意事项

尽最大努力保证探头安置设施的稳定、无磁和防潮保温效果。

要充分考虑仪器的安全问题，可以选择无人值守的方式，但最好请周边的老乡帮忙看护。

可将 GM4-XL 磁通门磁力仪和 GSM-90 Overhauser 仪的主机放在一起。但需要注意磁通门探头之间最短距离不能少于 3m，磁通门仪和 Overhauser 仪探头之间最短距离不能少于 1.5m。考虑到日后对其中一个探头的维修维护不会影响另一个探头，建议探头之间的距离尽可能远一些。

使用口径较粗的穿线管，便于日后维修维护。

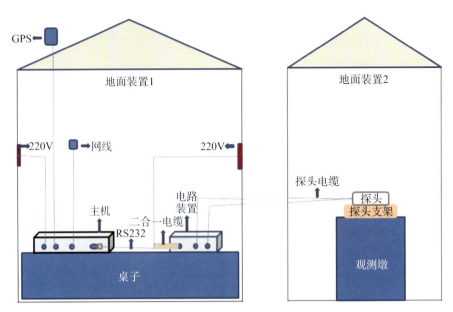

图11　布置方案二

采取一定的措施防止啮齿动物咬坏电缆。

将主机安置于配电室内的设备支架上，不应将主机直接放在地面上，以免过度受潮或受侵蚀。

探头地埋之后不方便维修维护，建议在可能的情况下，尽量使用地面装置放置探头。地埋时一定要注意防水防潮。

GPS 接收天线固定于竿状支架上，架设在无屏蔽处并使天线顶端垂直朝上，保证朝上张角足够大。为避免雨淋潮湿、灰尘等侵蚀，最好用塑料膜保护接收天线。为了保证接收效果，接收天线架设位置应达到一定高度，并定期（如半年左右）予以清理，以保证接收效果。

仪器架设之后，可以通过关注数据曲线的长期变化来监测墩子是否稳定。

4　结束语

虽然背景场项目是工程项目，但地磁基本台的建设具有较强的探索性，是对经济、方便的地磁台站建设方法的探索，对地磁学科发展具有重要意义。我国幅员辽阔，各地自然条件不同，学科目前在此方面的积累尚不足以提供标准化的建设方案，需要大家群策群力，因地制宜地制定自己的建设方案。

地磁台建设中的磁性检测

李晓鹏　张小涛　江永建　王雪飞　王　彬

（河北省地震局涉县地震台，涉县　056499）

摘要：2014 年涉县台建设完成了绝对观测室和相对记录室的建设，本文从磁房场地磁梯度测量以及建筑材料磁性筛选过程，阐述涉县台利用 GSM–19T 磁力仪对地磁房建设过程中场地梯度及材料检测的过程及结果，对以后地磁房的建设提供参考。

关键词：磁场梯度；建筑材料；GSM–19T 磁力仪

引言

按《地震台站观测环境技术要求　第 2 部分：电磁观测》及《地震台站建设规范　地磁台站》的要求（中国地震局，2004），地磁房场地的磁性梯度变化量小于 1nT/m，同时还要求地磁台建设必须选用无磁性或弱磁性建筑材料，对所用建筑材料及器件的磁性必须严格检测。磁房场地梯度要想达到规范要求就需要对磁房场地进行清理，以清除场地内的磁性物质可能对场地磁性梯度造成干扰影响。而对磁房建设中建筑材料的磁性要求也同样严格，在稳定的磁场环境中利用高精度的磁力仪来检测建筑材料的磁性大小是磁房建设中较为常用的方法（赖加成，2008）。笔者在涉县地磁基准台建设过程中全程参与了地磁房建设的所有过程，对地磁台建设中的磁房场地梯度检测及材料磁性检测都有较为深刻的了解。

1　磁房场地梯度测量

涉县地震台地处晋冀鲁豫交界区，是河北省南部一个综合性观测台站，地理位置和观测环境良好。2008 年根据《国家发展改革委〈关于中国地震背景场探测项目建议书〉的批复》通过了在涉县地震台建立国家地磁基准台，建成后可以优化地磁台网布局，填补空白监视区，提供本区域地磁场动态变化图像，提高我国地磁基本场和变化场等地震背景场探测能力，更好地为地震监测预测提供基础资料。涉县地磁基准基建工程于 2012 年 12 月开工，2014 年 2 月完成，10 月全部仪器安装并运行。

1.1　测量设备与方法

涉县台磁房建设中用来检测场地梯度和建筑材料磁性的是两套 GSM–19T 标准质子磁力仪（图 1），GSM–19T 标准质子磁力仪具有重量轻、携带方便、操作简单等优点，其各项技术指标为：灵敏度 <0.05nT、分辨率 0.01nT、绝对精度 ±0.2nT、采样率 3~60s、动态范围 20000~120000nT、梯度容差 >7000nT/m，是一种非常适合用于磁房建设磁性检测的磁力仪。

场地磁性梯度的检测方法分为以下几个步骤：①在待测场地内标好 1m×1m 的点距；②将两套 GSM–19T 标准质子磁力仪一套设置为基站观测模式用于日变改正观测，另一套设置为移动观测模式用于检测场地各测点磁性，将两套仪器时间设为一样；③在场地周边一处安插基站模式的仪器使它与移动

图1 GSM-19T 标准质子磁力仪

模式的仪器在同一高度同时开始检测；④得出两套仪器的数据后将相同时间段的数据相减，得到的就是各测点之间的磁场变化值；⑤利用 surfer 做图软件做出该场地的场地磁性梯度图，便可以直观地看到场地的磁性梯度变化。

1.2 场地初测

将移动探头设定为1.5m，探高使用上文所述方法对选定场地进行了较大范围的检测后做出结果见图2，得出的结果并不理想，场地内磁性物质较多，需要对场地进行清理。

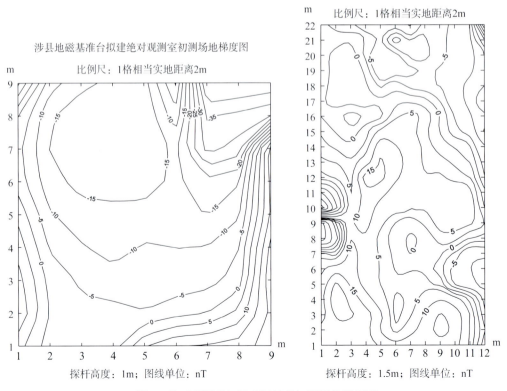

图2 绝对观测室与相对记录室初测场地梯度图

1.3 场地清理后的复测

在选定的磁房场地内需要对地表进行清理，以清除可能对磁房场地梯度造成干扰的磁性物质，在绝对观测室选定的场地内有几个坟头需要清理，但随着清理工作的进行，台站人员发现地表坟头只是第一层的坟头，再往下还有两层的坟群，给清理工作带来了较大的麻烦，经过多次的清理和复测，最终达到规范要求。为了保温相对记录室是地下室结构，需要对场地进行深挖，然后建成相对记录室后再回填土壤，在不断地挖掘和回填中相对记录室梯度图也达到规范要求，两个磁房场地在清理后的场地磁性梯度结果见图3。

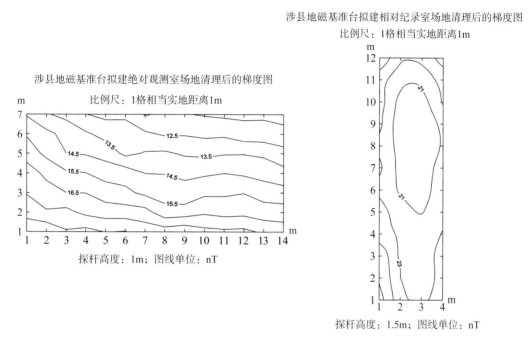

图3 绝对观测室与相对记录室场地清理后的梯度图

1.4 施工过程中场地梯度的实时跟踪检测

在施工过程中为防止磁性材料混入到磁房主体中影响场地的磁性梯度，工作人员要对场地梯度进行实时跟踪检测，磁房主体每升高1m便进行一次梯度检测，多次的跟踪检测保证了磁房的工程质量，图4为跟踪检测中一次有磁性物质干扰和一次无干扰两种情况的对比结果。

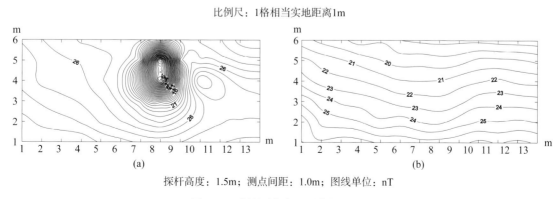

图4 跟踪检测中有无干扰的对比图

图 4 (a) 是由于工人将工具遗落在场地内，造成了梯度线集中在铁磁性物质周围，影响了场地的磁性梯度，图 4 (b) 是随后拿掉铁磁性物质后检测的正常梯度图，对比的结果更加说明了磁房建设中实时跟踪检测的重要性。

2 建筑材料磁性检测

2.1 检测依据与方法

国际地磁学与高空科学协会 (IAGA) 在《地磁测量与地磁台站工作指南》中介绍：利用磁通门磁力仪来检测材料的磁性，如果被检测材料放在距离磁通门磁力仪探头 0.5m 处，它引起的磁场变化小于 1nT，则所测材料就符合地磁台建台用材条件（周锦屏等，1999）。根据这个指导思想我们将检测材料放在高精度的仪器探头附近，计算仪器空测数据和放入材料后的检测数据之间的差值就可以得出材料磁性是否符合规范要求，进而得出材料是否可用（吴海军等，2009）。

涉县台建设检测材料磁性使用的方法与步骤是：①将探头放在一处磁场较为稳定的区域；②做一张无磁性桌子放置在探头附近；③将检测材料装袋；④记录材料放置在桌面前后的数据，先空测两组，放置材料后再检测材料 4 个方向的数据，撤下材料后再空测两组数据，一共 8 组数据；⑤对比 8 组观测数据，如果任意两组数据之差小于 0.5nT 就表示该材料符合要求可以采用；如果出现任意两组数据大于 0.5nT 的现象，说明可能是由于磁场日变造成的结果或者材料中含有磁性较大的物质存在，为此我们可以重新检测该材料以排除日变影响最终判定材料是否可用。检测中材料体积较长无法装袋的材料，如碳纤维筋等材料，可从一侧分段检测来检测其磁性。图 5 为检测方法示意图。

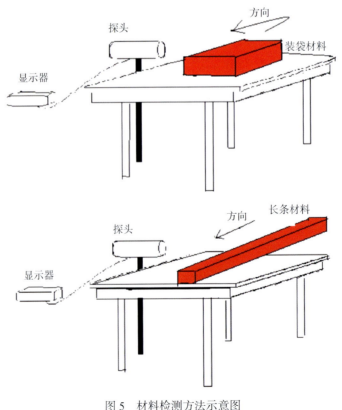

图 5 材料检测方法示意图

2.2 样品检测

地磁房建设的难点在于在保证建筑质量的前提下，又要保证磁房无磁或弱磁（吴海军等，2009）。材料的选择必须达到规范要求，其过程大概分两个部分，首先是样品材料的实地检测，其次是对合格的样品进行对比检测最终确定建设材料。样品检测的主要作用是实地检测淘汰不合格的材料，按照前面介绍的检测方法我们随意抽取 3 袋材料，只要有 1 袋不合格便视为不达标。表 1 为部分材料实地检测结果。

表 1 部分材料实地检测结果

序 号	材料名称	产 地	磁性（8组数据最大差值）
1	石灰石	涉县艾叶交	0.3nT/20kg
2	石灰石	涉县招岗	0.4nT/20kg
3	石灰石	邢台	0.8nT/20kg
4	碳纤维筋	北京	0.2nT/20kg
5	碳纤维筋	山东	0.2nT/20kg
6	石子	涉县玉林井	0.5nT/20kg
7	石子	涉县艾叶交	0.7nT/20kg
8	石子	邯郸	1.1nT/20kg
9	石子	招岗	1.2nT/20kg
10	水泥	邯郸	3.2nT/20kg
11	水泥	邢台	2.5nT/20kg
12	水泥（白水泥）	焦作	0.6nT/20kg
13	水泥（白水泥）	山东	0.5nT/20kg
14	沙子	涉县	2.4nT/20kg
15	沙子（石英砂）	邢台	0.4nT/20kg
16	沙子	邯郸	3.5nT/20kg
17	沙子（石英砂）	山东	0.6nT/20kg
18	沙子（石英砂）	山西	0.5nT/20kg

2.3 合格样品的对比检测及材料选定

第二步便是进行一次合格材料之间的对比检测，经过对样品的实地检测将符合要求的材料样品带回台站，对比检测的要求是选出磁性最佳的材料作为磁房建筑材料。通过对比检测台站基本可以确定磁房工程建设各种材料，按照检测方法进行对比检测。表 2 是部分材料对比检测结果。

表 2 部分材料对比检测结果

材料名称	产 地	磁性（8组数据最大差值）	结 果
石灰石	涉县艾叶交	0.1nT/20kg	采用
石灰石	涉县招岗	0.2nT/20kg	弃用
碳纤维筋	北京	0.1nT/20kg	采用
碳纤维筋	山东	0.1nT/20kg	弃用
石子	涉县玉林井	0.2nT/20kg	采用

续表

材料名称	产　地	磁性（8组数据最大差值）	结　果
石子	涉县艾叶交	0.4nT/20kg	弃用
水泥（白水泥）	长治	0.4nT/20kg	弃用
水泥（白水泥）	焦作	0.2nT/20kg	采用
沙子（石英砂）	邢台	0.2nT/20kg	采用
沙子（石英砂）	山东	0.4nT/20kg	弃用
沙子（石英砂）	山西	0.3nT/20kg	弃用
保温板	涉县	0.1nT/20kg	采用
丙纶防水卷材	涉县	0.1nT/20kg	采用
SBS防水卷材	涉县	0.2nT/20kg	采用
屋顶瓦	涉县	0.4nT/20kg	弃用
屋顶瓦	邯郸	0.2nT/20kg	采用
腻子粉	涉县	0.2nT/20kg	采用
门（铜锁）	涉县	0.1nT/20kg	采用

2.4　施工过程中对建筑材料的实时跟踪检测

材料的确定并不代表检测工作的结束，而是刚刚开始。为了保证磁房的建设质量，我们做到所有材料全部实时跟踪检测，在整个工程建设中所有的建筑材料都要经过检测，合格的才被允许进入施工场地，不合格的直接淘汰。水泥、沙子、石英砂等材料在工程中都是按照我们上文提到的方法来检测的，整个工程共检测水泥217吨，沙子957方，石英砂979方。在建设过程中我们坚持所有材料都必须实时跟踪检测，一切以到达磁性要求为标准。表3为部分跟踪检测结果。

表3　跟踪检测结果

材料：石英砂								
编　号	方　位	检测数值	编　号	方　位	检测数值	编　号	方　位	检测数值
1	测前	52982.37	2	测前	52982.50	3	测前	52982.66
		52982.38			52982.53			52982.67
	1	52982.54		1	52982.56		1	52982.69
	2	52982.60		2	52982.54		2	52982.73
	3	52982.38		3	52982.60		3	52982.75
	4	52982.40		4	52982.62		4	52982.71
	测后	52982.43		测后	52982.65		测后	52982.80
		52982.45			52982.67			52982.82
结果	合格（✓）　不合格（　）		结果	合格（✓）　不合格（　）		结果	合格（✓）　不合格（　）	

所有材料检测完毕后还有一道检测关，根据中华人民共和国地震行业标准《地震台站建设规范　地磁台站》的要求（中国地震局，2004），台站人员在基础、基座和墙体砌筑时，每铺高0.3m时，以0.3m为间隔，在每点上做标记，手持磁力仪探头在距被测物100mm处逐点进行测试，每测点读数一次，相

邻两点的差值超过 0.5nT 时须重测，必要时挖开被测物，寻找并排除暗埋的铁磁性物质，直到合格为止。

3　完工后的磁性检测

在台站员工严谨仔细的工作态度下，磁房建设顺利建成。图 6 为磁房建设成功后的磁房磁性梯度图。

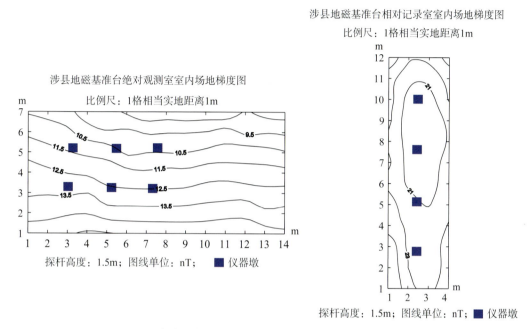

图 6　磁房建设完工后绝对观测室与相对记录室的室内梯度图

4　结论

（1）磁房建设中场地磁性梯度和建筑材料的持续跟踪检测非常重要，当有磁性物质混入到磁房主体或建筑材料中时，实时跟踪检测可以将情况快速、准确地反映出来，避免了建设过程中大量返工和资源浪费。

（2）对于磁房建设来说，白水泥、石英砂、碳纤维等是非常好的的建筑材料，可以推广运用。

（3）参与地磁房工程中的磁性检测对台站人员了解地磁观测手段、理解地磁观测的意义及日后地磁台站观测资料的处理都有较大的帮助。

参考文献

中国地震局．2004．国家标准《地震台站观测环境技术要求　第2部分：电磁观测》(GB/T 19531.2—2004)．北京：地震出版社，

周锦屏，高玉芬．1999．地磁测量与地磁台站工作指南．北京：地震出版社．

中国地震局．2004．地震行业标准《地震台站建设规范　地磁台站》(DB/T 9—2004)．北京：地震出版社．

赖加成，游永平，罗开启．2008．地磁台站建设中的材料磁性检测．地震研究，4(2)：155～159．

吴海军，刘德柱，孙炜，等．2009．地磁房建设中的磁性检测．地震地磁观测与研究，30(6)：85～90．

Magnetic detection in the construction of geomagnetic station

LI Xiaopeng   ZHANG Xiaotao   JIANG Yongjian   WANG Xuefei   WANG Bin

(Shexian Seismic Station of Hebei Earthquake Agency 056449，China)

Abstract: Shexian geomagnetic station completed the construction of absolute observation room and relative record room in 2014，In this paper using GSM−19T magnetometer，from magnetic gradient measurement and building materials magnetic screening process，describes geomagnetic housing construction site gradient and material testing process and results in the Shexian station，for the geomagnetic housing construction to provide the reference.

Key words: magnetic gradient；building materials；GSM−19T magnetometer

涉县台GM4-XL磁通门磁力仪数据分析

江永健　张小涛　李晓鹏　赵长红

（河北省地震局涉县地震台，涉县　056499）

摘要： 本文分析了 2005 年 1—12 月背景场项目新建涉县地磁基准台两套 GM4-XL 磁通门磁力仪产出的观测数据，从数据连续率、完整率、背景噪声、基线值、日均值等多个方面，依据中国地磁台网中心公布的全国地磁台站的各项参数指标，定量分析了涉县台 2 套 GM4-XL 磁通门的运行情况和数据质量。分析结果表明，两套仪器产出数据质量可靠，GM4[f] 的各项指标优于 GM4[g]。

关键词： GM4-XL 磁通门；数据质量；定量分析；指标

引言

随着工业现代化的发展，地磁台站的电磁观测环境越来越受到严重的影响，一些观测多年的地磁台站因此而被迫停测或者迁移。涉县地震台由于观测环境良好，成为背景场项目 7 个新建地磁一类基准台之一，对其产出的资料数据定量分析有重要意义。背景场项目新建地磁基准台站统一配置了 GM4-XL 磁通门磁力仪，该仪器是在 GM4 型基础上改进而来的，具有稳定性好、精度高、易维护等特点，GM4 系列仪器是目前中国地磁台网中在运行的主要仪器，很多台站对同类仪器也进行了分析[1~2]。

涉县地磁基准台于 2014 年完工，安装了 5 台套地磁设备，其中两套 GM4-XL 磁通门磁力仪并行观测，编号分别为 GM4[f] 和 GM4[g]。本文分析了涉县台 2015 年 1—12 月 GM4-XL 磁通门磁力仪的数据，对两套 GM4-XL 数据观测资料进行了综合分析，定量给出了两套仪器的运行情况和数据质量对比，同时分析了在全国地磁同类仪器的水平。

1 台站观测环境及仪器概况

涉县地磁基准台相对记录室于 2014 年 3 月完工，2014 年 5 月投入使用。主体采用无磁性条石砌体和白水泥碳纤维混凝土浇筑，建筑面积 $143.2m^2$，标准按照地磁一类基准台要求建设。记录室顶部覆盖 4m 厚均匀土，年温差小于 3℃，内部磁场梯度小于 1nT/m；记录室内设 4 个记录墩，记录墩底座为整体筏板浇筑，保证了墩子的稳定性，墩子编号为 7# ~ 10#，其中 7# 和 8# 墩安装了 GM4-XL 磁通门磁力仪的探头各一套，9# 墩安装了 OVERHUASER 磁力仪探头，仪器全部为秒采样，通信、供电系统安装于相对记录室入口房内。2014 年 10 月绝对观测室启用 MAG-01 磁通门经纬仪开始观测，每周一四使用近零法进行绝对观测。涉县地磁基准台新安装仪器基本参数见表 1。

2 观测数据对比分析

为了定量分析涉县台 GM4-XL 磁通门磁力仪是运行状态和数据内在质量，本文从产出数据的连续率、

表 1 仪器性能指标参数

仪器名称	工作模式	测量分量	分辨率/nT	工作温度/℃
GM-4XL[f]	相对测量	H、Z、D、T	0.1	$0 \sim +40$
GM-4XL[g]	相对测量	H、Z、D、T	0.1	$0 \sim +40$
MAG-01H	绝对观测	D、I	0.1	$-10 \sim +40$
GSM-90	绝对观测	F	0.01	$-10 \sim +40$
G856	绝对观测	F	0.1	$-10 \sim +40$

完整率、背景噪声、基线值、日均值等多个方面，依据中国地磁台网中心公布的全国地磁台站的各项参数指标，对涉县台两套 GM4-XL 磁通门进行了详细分析。

2.1 连续率和完整率分析

连续率及完整率是衡量仪器运行状态和仪器稳定性的指标。通过 2015 年涉县台两套 GM4-XL 仪器连续率及完整率 D、H、Z 分量的统计看出（表 2），GM4[g] 仪器连续率相对较低。

表 2 GM4[f]、GM4[g] 秒数据连续率及完整率

月份	连续率		完整率	
	GM4[f]	GM4[g]	GM4[f]	GM4[g]
1 月	100%		100%	
2 月	100%	55.91%	99.95%	55.91%
3 月	100%	100%	100%	100%
4 月	99.82%	99.79%	99.79%	99.79%
5 月	100%	100%	100%	100%
6 月	100%	100%	100%	100%
7 月	100%	98.52%	100%	98.52%
8 月	100%	97.81%	100%	97.81%
9 月	99.99%	99.45%	99.99%	99.45%
10 月	100%	100%	100%	100%
11 月	100%	97.78%	100%	97.76%
12 月	100%	99.51%	100%	99.50%

GM4[f]、GM4[g] 两套仪器 4 月、9 月连续率及完整率未达到 100%，主要原因为 4 月背景场项目验收时梯度测量造成的；9 月记录室电源系统维护，造成数据缺记。GM4[g]1 月 1 日至 2 月 15 日数采故障返厂维修，2 月 16 日恢复正常，全年数采死机 11 次，分别为 4 月、7 月、8 月、9 月、11 月、12 月造成连续率及完整率未达到 100%。通过两台仪器互换探头、电源等实验，确定了 GM4[g] 死机原因为数采故障。

2.2 参考背景噪声分析

地磁观测参考背景噪声是指固定台站某套仪器对磁场变化响应的灵敏程度，是地磁台网中心评估台站仪器精度和台站周围地磁观测环境的一项重要指标。分析涉县台 GM4-XL 背景噪声时利用了台网计算噪声的算法，其基本过程是，从中国地磁台网东南西北中各挑选一个台站，计算各台 H 分量每月 3 小时时段的一阶差分的均方差，从中选择对于所有的台站均方差都最小的 5 个 3 小时时段，即为该月噪声计算时段。对于每个时段各要素的一阶差分，统计各个一阶差分绝对值的频度（即各个一阶差分值出现次数 / 总数）。若某个值的频度大于 80%，则该值的 2 倍即为该时段、该要素的背景噪声；若没有频度大于

80% 的数据，则将频度按照从大到小的顺序排序，依次求和，求到和大于 80% 为止。设频度分别为 C_1，C_2，C_3，$\cdots$，C_n，对应的一阶差分绝对值值分别为 S_1，S_2，S_3，$\cdots$，S_n，则该要素的噪声为：

$$\frac{2 \times \sum_{i=1}^{n}(S_i \times C_i)}{\sum_{i=1}^{n} C_i} \qquad (i = 1，2，3，\cdots，n) \tag{1}$$

对于以上计算出的各要素的 5 个噪声值，剔除最大值，求平均，即为最后的各要素噪声 SF、SZ、SH 和 SD。

为反映涉县台 GM4-XL 参考背景噪声水平，表 3 给出了 2015 年度涉县台两套 GM4-XL 的背景噪声值和同类仪器全台网参考值，从结果中看出，GM4[f] 全年各分量背景噪声值均未超出台网公布值；GM4[g]1 月数采故障返厂维修，2 月 16 日恢复正常；共有 4 次背景噪声值大于台网公布值，分别为 2 月、12 月 D 分量，2 月、3 月 H 分量。GM4[f] 除 4 次背景噪声值大于台网公布值外，两台仪器背景噪声值基本接近。GM4[g] 背景噪声值超限主要原因是 2 月、3 月仪器重新安装多次调试有关。

表 3　2015 年涉县台 GM4[f]、GM4[g] 及台网公布的参考背景噪声值

日期（年-月）	GM4[f] D	GM4[g] D	台网 D	GM4[f] H	GM4[g] H	台网 H	GM4[f] Z	GM4[g] Z	台网 Z
2015-01	0.03		0.05	0.03		0.06	0.06		0.07
2015-02	0.02	0.07	0.05	0.03	0.08	0.06	0.06	0.05	0.07
2015-03	0.03	0.02	0.05	0.05	0.07	0.06	0.07	0.05	0.07
2015-04	0.03	0.02	0.05	0.06	0.05	0.06	0.07	0.05	0.07
2015-05	0.03	0.02	0.05	0.06	0.06	0.06	0.06	0.05	0.07
2015-06	0.03	0.02	0.05	0.05	0.05	0.05	0.06	0.05	0.07
2015-07	0.03	0.02	0.05	0.05	0.05	0.05	0.06	0.05	0.07
2015-08	0.03	0.02	0.05	0.05	0.05	0.05	0.06	0.05	0.07
2015-09	0.03	0.02	0.05	0.05	0.05	0.05	0.06	0.05	0.07
2015-10	0.03	0.02	0.05	0.05	0.04	0.06	0.05	0.06	0.07
2015-11	0.03	0.03	0.04	0.05	0.05	0.06	0.05	0.05	0.07
2015-12	0.03	0.05	0.04	0.05	0.05	0.06	0.05	0.06	0.07

2.3　基线值分析

基线值是绝对观测仪器测定的地磁场某分量的绝对值与同一时刻相对记录仪器记录的该分量变化量的差值。相对记录的基线值由绝对观测控制，绝对观测是对地磁场 3 个独立分量绝对值进行的测量，所测数值代表某一测点、某一观测时刻的地磁场矢量大小和方向，从而确定地磁台站相对记录的基线值。记录仪器的观测数据经基线值改正后，即可得到地磁台站地磁场各要素的值随时间变化的连续数据，产出台站地磁七要素绝对值。根据地磁台站观测规范的要求，涉县台每周一四进行两次绝对观测，D 和 I 的观测精度为 6″（MAG-01H 磁通门经纬仪），F 的观测精度为 0.01nT（GSM-90 Overhuaser 磁力仪）。

涉县台 2015 年全年使用 MAG-01H 磁通门经纬仪进行了 103 次近零法观测，每次观测数据 3 组，通过观测的数据分别计算出两套 GM4 的基线值。按观测规范要求，每月计算出 D、H、Z 分量月剩余标准差，磁偏角 D 基线值月剩余标准偏差最大限定值为 0.1′，水平强度和垂直强度 Z 基线值月剩余标准偏差最大

限定值为 1nT。这也是衡量记录仪器运行状况的一个标准。月剩余标准差的计算公式为：

$$S_{\mathrm{E}} = \sqrt{\frac{\sum\limits_{i=1}^{n}(Y_{1i}-Y_{2i})}{n-2}}$$

(2)

式中，Y_{1i} 为观测基线值；Y_{2i} 为采用基线值；n 为一个月内绝对观测次数。

表 4　2015 年涉县台 GM4[f]、GM4[g] 基线值的月剩余标准差

日期 （年–月）	GM4[f] D	GM4[g] D	GM4[f] H	GM4[g] H	GM4[f] Z	GM4[g] Z	GM4[f]–GM4[g] 差值		
							D	H	Z
2015-01	0.06		0.05		0.57				
2015-02	0.09	0.08	0.31	0.74	0.30	0.56	0.01	0.05	−0.26
2015-03	0.15	0.06	1.18	1.72	0.40	0.53	0.09	−0.43	−0.13
2015-04	0.14	0.06	0.85	1.72	0.50	0.53	0.08	−0.54	−0.03
2015-05	0.08	0.07	0.62	0.74	0.34	0.44	0.01	−0.87	−0.1
2015-06	0.10	0.09	0.84	0.74	0.48	0.47	0.01	−0.12	0.01
2015-07	0.06	0.07	0.69	1.19	0.67	0.98	−0.01	0.1	−0.31
2015-08	0.08	0.05	0.93	1.07	0.44	0.46	0.03	−0.5	−0.02
2015-09	0.07	0.09	0.60	0.88	0.36	0.39	−0.02	−0.14	−0.03
2015-10	0.10	0.10	0.77	0.97	0.29	0.58	0	−0.28	−0.29
2015-11	0.09	0.10	0.67	0.85	0.28	0.34	−0.01	−0.2	−0.06
2015-12	0.09	0.08	0.57	0.74	0.68	0.56	0.01	−0.18	0.12

表 4 是 2015 年涉县台 GM4[f]、GM4[g] 基线值的月剩余标准差值计算结果，从表中看出，GM4[f]D 分量分别为 3 月、4 月，H 分量为 3 月，月剩余标准差值超出规范要求。GM4[g]1 月仪器故障维修缺测，2 月 16 日恢复正常；H 分量的月剩余标准差值超限，分别是 3 月、4 月、7 月。两套仪器 3 月、4 月、7 月超标的主要是基线观测值出现多次突跳。通过基线值的月剩余标准差的分析，认为 GM4[f] 的基线值比 GM4[g] 稳定，导致 GM4[g] 基线值不稳定的主要因素数采的频繁死机相关，同时与绝对观测的仪器的 MAG–01H 的精度有关，随着台站观测人员的技术提高，基线值的稳定性会提高。

2.4　日均值数据分析

通过全年的日均值分析，可以分析两套仪器观测数据的准确性，检测仪器稳定性、记录墩漂移等多项指标，为了更加清楚显示两套仪器的日均值变化，图 1 绘制了加基线值改正后的两套仪器各分量的差

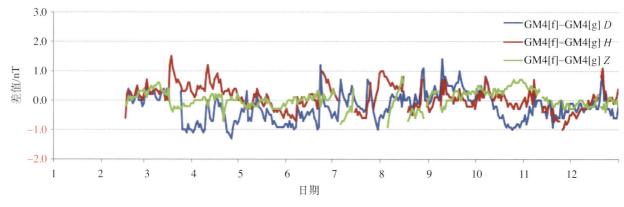

图 1　涉县台两套 GM4–XL 磁通门加基线值改正后的日均值差值图

值曲线，为了统一坐标，绘图时将磁偏角 D 转换为 nT。根据中国电磁学科技术管理规定 [3]，对同一台站而言，它的观测差值 $D \leqslant \pm 0.1'$，$H \leqslant \pm 2$nT，$Z \leqslant \pm 2$nT 被认为质量可靠，从涉县台两套日均值差值曲线看出，其变化范围在学科管理规定的范围一半左右，计算了三个分量差值的均方差分别为 D：0.05′、H：0.41nT、Z：0.30nT。由此可见，涉县台两套 GM4-XL 仪器各分量日均值变化形态一致性较好，年变趋势一致，各分量差值较小。各项指标均满足学科组要求指标，产出数据准确可靠。

3　结论

通过对涉县台两套 GM4-XL 磁通门磁力仪观测数据的各项指标定量分析认为：①参考噪声分析表明，两套仪器背景噪声值基本接近，说明涉县台电磁监测环境较好，为产出高质量数据打好基础。②基线值分析表明，认为 GM4[f] 的基线值比 GM4[g] 稳定，导致 GM4[g] 基线值不稳定的主要因素数采的频繁死机相关，同时与绝对观测的仪器的 MAG-01H 的精度有关，随着台站观测人员的技术提高，基线值的稳定性会提高。③日均值分析表明，两套仪器各分量日均值变化曲线形态一致性较好，年变趋势一致，各分量差值较小，各项指标均满足学科组要求指标，产出数据准确可靠。综合分析认为，涉县台 GM4-XL 磁通门磁力仪产出数据质量较好，满足地磁规范要求。

本文虽然对涉县台 2015 年度 GM4-XL 磁通门磁力仪产出的资料进行了较为详细的分析，但也有许多没有分析到的方面。例如，仪器的定向误差、数据的频谱结构等，而且地磁资料在地震预报及地球磁场分析应用方面，往往需要多年连续观测资料。因此，要综合更多台站的 GM4-XL 磁通门磁力仪数据进行更加深入的时间和空间的分析，提高产出数据的质量。

参考文献

[1] 胡秀娟，李细顺，王利兵，等．2014．红山台磁通门磁力仪观测数据对比分析．华北地震科学，32 (2)：68～72．

[2] 王莉森，张云昌，边鹏飞，等．2013．利用逐步回归分析红山地磁台观测数据质量．华北地震科学．31(3)：54～56．

[3] 中国地震局．2001．地震及前兆数字观测技术规范．北京：地震出版社．

Analysis of data for GM4-XL fluxgate magnetometer in Shexian station

JIANG Yongjian　ZHANG Xiaotao　LI Xiaopeng　ZHAO Changhong

(Shexian Seismic station of Hebei Earthquake Agency 056449，China)

Abstract: This paper analysis the observational data that recorder 2 sets of GM4-XL fluxgate instrument，from January to December 2005，in Shexian station，from the continuous data rate，the full rate，and ambient noise and baseline value，daily mean values，and so on，according to the Chinese geomagnetic network center announced the geomagnetic station parameters，quantitative analysis of the Shexian 2 sets GM4-XL fluxgate the operation situation and the quality of the data. The analysis results show that the data quality of the two sets of instruments is reliable，and the parameter of GM4[f] are better than GM4[g].

Key words: GM4-XL fluxgate magnetometer；data quality；quantitative analysis；parameter

大同玻璃钢罐体地埋式地磁房方案设计及效果分析

闫民正[1]　胡玉良[1]　程冬焱[1]　殷志刚[2]　李惠玲[1]　穆慧敏[1]　李　颖[1]　王鹏伟[1]

（1. 山西省地震局，太原　030021；

2. 大同中心地震台，大同　037000）

摘要： 根据大同台实际情况，以保障地磁仪器稳定运行，方便运行维护为目的，对山西地震背景场探测项目大同地磁基本台地磁房建设方案进行了改进，首次采用玻璃钢罐体设计地埋式地磁房，施工过程及梯度测试严格依照地磁规范进行。从建设结果技术指标来看，均符合地磁台站建设规范；地磁仪器观测精度满足地磁学科规范要求；与其他台站进行多台对比，三套仪器的动态变化同步性和一致性均非常好。

关键词： 玻璃钢；梯度测试；观测精度；动态变化；同步性；一致性

引言

　　山西地震背景场探测项目大同地磁基本台建设于山西省大同市南郊区马军营乡上皇庄村西大同上皇庄地震台南。根据山西背景场探测项目"大同地磁台站初步设计"土建方案，地埋式观测设施由地埋式记录墩和模拟电路装置两部分组成。记录墩放置在一个1m见方、深2m的土坑内，然后用玻璃罩罩住，上覆盖聚苯板和木板，仪器主机使用内设保温层铝塑板外壳的机盒固定在室外地面。由于大同地区冬季平均气温 –10.6℃，平均最低气温 –16.7℃，极端最低气温可能会达到 –26.5℃，冻土层厚度超过1.1m，日温差、年温差均较大。气温的变化可能会对观测系统造成较大影响，在设备的安全性及日常维护方面，这种模式也略显不足，尤其在冬季，如果仪器出现故障，很难挖开对仪器进行维修。因此，为了尽可能减小气温变化对观测系统的负面影响，而且又方便维护，需对原方案进行改进。

　　本设计方案主要涉及仪器室、观测室和由此引起的仪器安置及布线变更等，其他未涉及的仍按照原设计方案实施。

1　总体规划

　　探头放置于新征地块中央位置，地表下约2.5~3m深处，主机安置于距探头约20m处的仪器室。来自探头的传感器信号电缆送至位于仪器室的主机，然后汇集到台站前兆中心机房。

　　经过咨询，GM4仪器探头线最长可以做到50m，OVERHAUSER仪器探头线最长可以做到40m，观测室3个探头至仪器室的长度 < 30m，因此探头线长度足可满足要求。上皇庄背景场项目总平面图如图1所示。

　　具体过程如下：

　　（1）建简易观测室：在4m深处放置定制的宽2.5m、长10m的玻璃钢圆筒做观测室，在观测室内放置3个1.2m×0.4m×0.4m的汉白玉仪器墩，观测仪器探头安放于观测墩上。

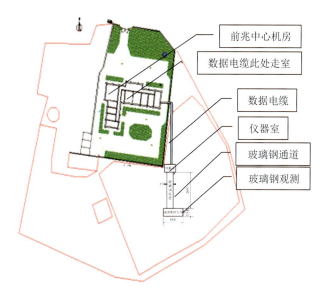

图1　上皇庄背景场项目总平面图

（2）建 3.2m×4.7m 的半地下仪器室放置仪器主机，距离观测室20m，这样能确保观测室的无磁环境。

（3）仪器室和观测室用 20m 长的玻璃钢通道连接。

为了保证探头的环境温度，采取以下保温措施：

（1）放置3个探头的观测室，观测室采用玻璃钢制作并埋深1m以下。

（2）玻璃钢观测室外覆盖 10cm 厚高密度泡沫保温板，观测室四周回填石粉和黄土，观测室顶部土层覆盖厚度1m以上。

（3）探头放置于专用保温罩内，进一步提高保温效果。

大同地磁基本台站平面如图2所示，上皇庄背景地磁基本台站工程剖面如图3所示。

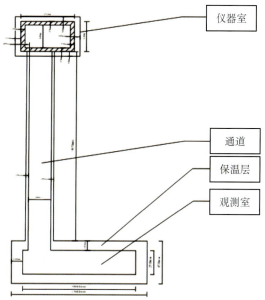

图2　大同地磁基本台站平面示意图

图3　上皇庄背景场地磁基本台站工程剖面图（西向东看）

2 方案设计

本土建工程分为仪器室至前兆机房的信号及供电电缆铺设、仪器室建安、玻璃钢通道建安、玻璃钢观测室建安 4 个部分。

2.1 信号电缆铺设

从台站的原电缆沟到新建仪器室开挖一条长 42m，宽 0.6m，深 1m 的电缆沟，预埋 3 寸 PVC 管，作为供电电缆和网线穿线使用。

2.2 仪器室建安

(1) 仪器室土建。

新建一间半地下式仪器室，仪器室长 3.8m，宽 3.2m，地表部分高 3m，地下部分高 2.4m。为了防止地表面雨水灌入仪器房，房子室内地面比室外地表高 30cm，仪器房门前修 2 级台阶，台阶高 15cm。

仪器室使用普通水泥和红砖，设钢筋砼构造柱、基础圈梁及屋顶圈梁。主筋和辅筋都使用不锈钢钢筋。捆扎使用铜线。房顶混凝土现浇成型。为保护仪器室外墙面，仪器室房顶四周预留 0.5m 宽的房檐。

为保证仪器室恒温，仪器室墙体为三七砖墙，增加 5cm 高密度泡沫板保温层；外挂抗裂砂浆、水泥砂浆抹平并粉刷。

仪器室房顶做 30cm 厚保温层；3 油 2 毡防水层。

仪器室南墙开门，从仪器室门口经 12 级台阶下到玻璃钢通道口平面。为充分利用空间，台阶设计为三段、经两次转角实现。在两处转角各设 1 个 0.9m 见方的缓冲平台。台阶一面靠墙，另一面设置不锈钢扶手护栏。每阶台阶高 20cm、宽 25cm。最后一级台阶前在地面设置 0.5m 见方的集水坑，防止渗漏水进入玻璃钢通道。

玻璃钢通道北口与仪器室南墙的下半部衔接，加装密封门隔离。

两道房门使用纯木防潮套装门，地面门标准尺寸。玻璃钢通道口门按实际需要尺寸定制。

仪器室内定做专用工作台用于放置 3 套仪器，并预留供电线路、通信线路及接地排等。

图 4 为仪器室平面图，图 5 为仪器室剖面图。

(2) 防雷和接地。

观测室属第二类防雷建筑物，在建筑物屋顶设避雷带，以防止感应雷。利用建筑混凝土柱内的结构钢筋作为引下线，圈梁钢筋连接处焊接连接，与接地体连成一体。为防止雷电波侵入建筑物，供电电缆在进入建筑物时，将电缆金属铠装层与接地网相连。在各建筑物内安装接地排，建筑物内各种接地线直接接到接地排上。

2.3 玻璃钢通道设计及建安

连接仪器室和观测室的玻璃钢通道长 20m，使用定制的 2 根直径 2m、长度 10m 的玻璃钢管道连接构成，通道北高南低，倾斜角度约 5.6°。

施工时，从磁房南墙往南开挖一条宽 2.5m，长 20m，坡度为 5.6° 的斜坡通道，用来放置 2 个定制好的玻璃钢通道，2 个玻璃钢管道接口处使用玻璃胶密封处理。接口处预留一道密封门。为了保温和防潮在玻璃钢外包裹 10cm 厚高密度泡沫板和 SBS 油毡。

2.4 无磁观测室建安

(1) 探头坑开挖：在现场开挖东西向长 12m，宽 4.5m，深 4.5m 的坑道用来放置长 10m、直径 2.5m

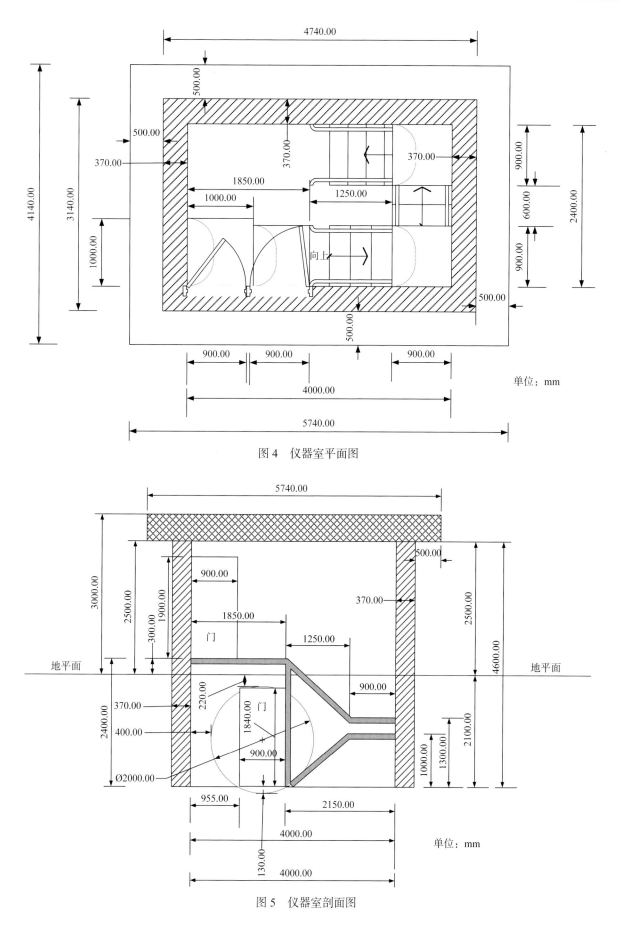

图 4　仪器室平面图

图 5　仪器室剖面图

的玻璃钢观测室。观测室设计图如图6所示。

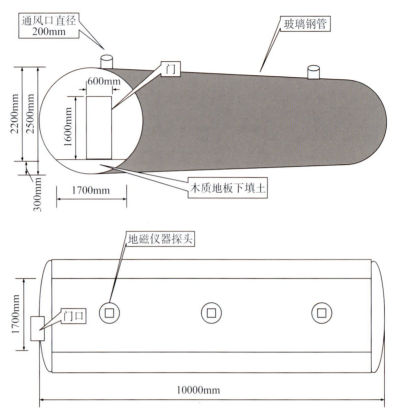

图6　大同地磁台玻璃钢地埋磁房设计图

（2）观测墩基坑开挖、浇筑、安放：按照预留尺寸在坑道底部开挖3个基坑，每个坑1m见方，深1.5m，坑底铺15cm石灰石石子，上面用白水泥、石英砂、石灰石石子混凝土进行浇筑，然后把40cm见方、高120cm的汉白玉观测墩放入浇筑的混凝土中，汉白玉观测墩埋深20cm，用罗盘进行定位，正南北放置，上平面水平，等待混凝土凝固后，打磨汉白玉墩子的各边角。

（3）玻璃钢观测室：把2.5m直径的玻璃钢圆筒吊入土坑道，3个观测墩从预留的开口穿入玻璃钢圆筒，汉白玉观测墩对角线是56cm，玻璃钢观测室预留的60cm的圆角正方形。

为了达到保温效果，把每个观测墩和探头用一个特制的保温罩罩住，将玻璃钢圆筒接口处用玻璃胶密封。在观测室和通道接口处预留密封门。

在30m长的玻璃钢底面安装木龙骨，再铺设3cm厚防腐木地板，地板下预留穿线管放置探头线。

探头的顺序是两头GM-4探头，中间为OVERHAUSER仪器探头。

保温层和无磁石粉的回填。为了保温和防潮，在玻璃钢筒的四周包裹10cm高密度泡沫板和SBS油毡，并在玻璃钢筒四周填充厚度为1m的石灰石石粉，然后在上面覆盖厚度为1m的黄土。

观测室和观测墩施工示意图见图7和图8。

3　施工及梯度测试

3.1　施工过程

首先完成了玻璃钢观测室、通道及密封门的设计和制作。现场施工从2012年11月16日开始，先后

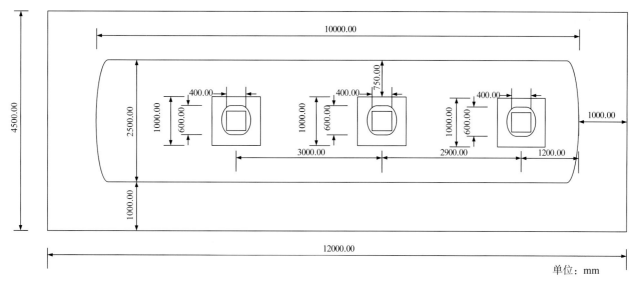

图 7 观测室平面图

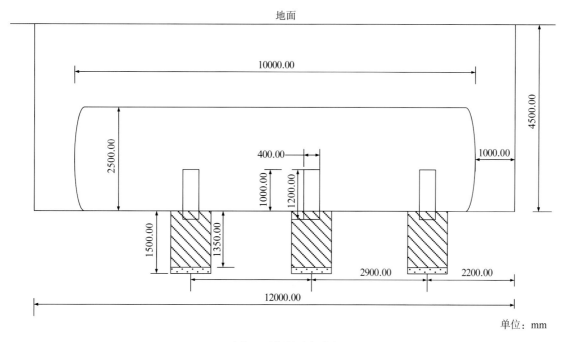

图 8 观测室剖面图

经过 3 次开挖，制作观测墩；吊装玻璃钢观测室及通道；完成两个玻璃钢通道的密封；观测室及通道上方覆土并覆盖塑料泡沫；仪器室建设等过程。施工过程如图 9 所示。

3.2 梯度测试

在施工期间，为确保符合规范要求，对现场所有材料均严格进行地磁场梯度测试。在此只列出部分梯度测试的要求和测试结果。

观测场地总强度 F 水平梯度 ΔF_h 测试，确保小于 1nT/m；观测墩基坑总强度 F 水平梯度 ΔF_h 测试，确保均小于 1nT/m；观测室内 F 水平梯度 ΔF_h 和垂直梯度 ΔF_v 测试，确保均小于 1.5 nT/m。测试结果如图 10 所示，从测试结果来看，均符合规范要求。

（a）玻璃钢观测室　　　　　　　　（b）玻璃钢通道　　　　　　　　　（c）现场开挖

（d）仪器墩底座　　　　（e）玻璃钢观测室及通道安装　　　（f）玻璃钢观测室及通道上方覆盖泡沫块

（g）仪器室

图9　施工过程图

4　数据分析

　　大同地磁基本台于2013年10月28日建设完成。3套地磁仪于2013年12月15日全部完成安装，从2014年2月7日开始正式接入到前兆数据库。下面从观测室温度和数据质量两方面来进行分析。

4.1　观测室温度

　　根据DB/T 9—2004《地震台站建设规范　地磁台站》规范要求，相对记录室日温差宜不大于0.3℃，年温差宜不大于10℃。

　　编制程序对2015年1—12月大同中心地震台气象三要素观测仪、磁通门磁力仪（a测点）、磁通门磁力仪（b测点）3套仪器的日温差和年温差数据进行计算，如图11所示。

　　由图11（a）可知，2015年全年磁通门磁力仪（a测点）记录的日温差大于0.3℃的天数有2天（最大值为0.4℃），分别是2015年11月25日和2015年12月3日；全年平均日温差为0.068℃。

　　由图11（b）可知，2015年全年磁通门磁力仪（b测点）记录的日温差大于0.3℃的天数有2天（最大值为0.37℃），分别是2015年11月25日和2015年12月3日，全年平均日温差为0.066℃。

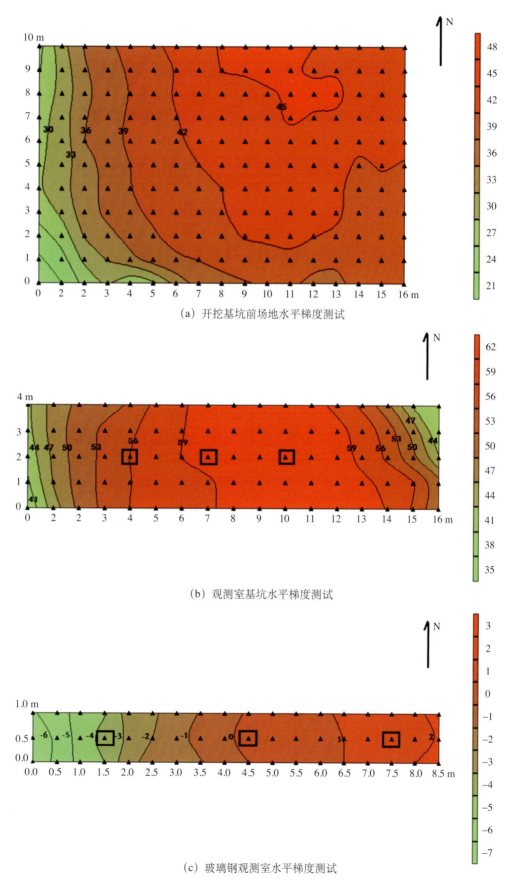

（a）开挖基坑前场地水平梯度测试

（b）观测室基坑水平梯度测试

（c）玻璃钢观测室水平梯度测试

图 10　部分地磁总强度 F 梯度测试结果

由图 11（a）、（b）可知，2015 年全年两套磁通门磁力仪记录的日温差略有偏差，但两套仪器日温差数据一致性非常好，从而证明数据的真实性和可靠性。

由图 11（c）可知，2015 年全年气象三要素观测仪记录的日温差最大值是 22.26℃；最高温度达到 36.829℃；最低温度达到 −23.539℃。

由图 11（d）可知，2015 年全年磁通门磁力仪（a 测点）记录的年温差为 5.82℃。

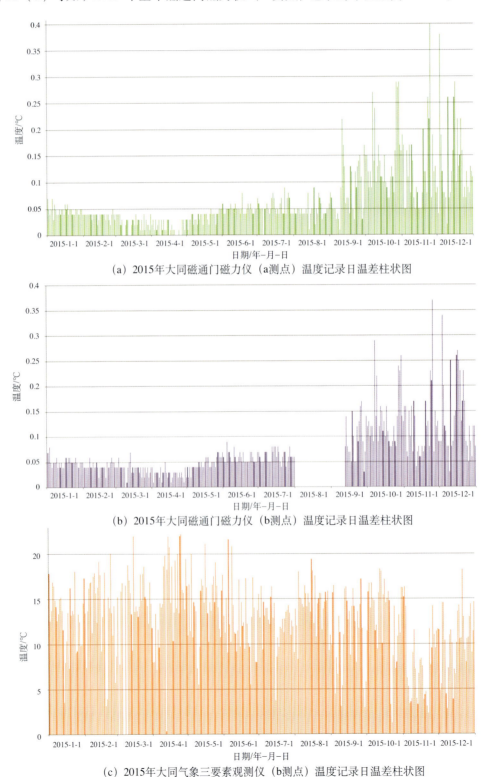

（a）2015 年大同磁通门磁力仪（a 测点）温度记录日温差柱状图

（b）2015 年大同磁通门磁力仪（b 测点）温度记录日温差柱状图

（c）2015 年大同气象三要素观测仪（b 测点）温度记录日温差柱状图

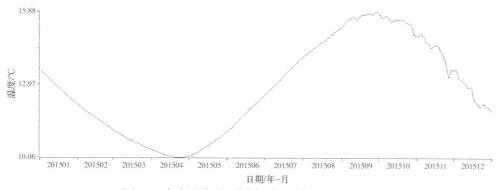

（d）2015年大同磁通门磁力仪（a测点）温度记录日均值曲线

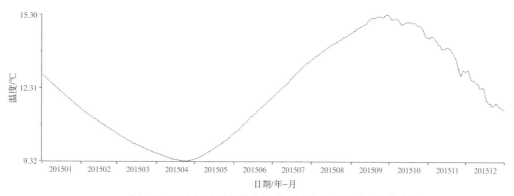

（e）2015年大同磁通门磁力仪（b测点）温度记录日均值曲线

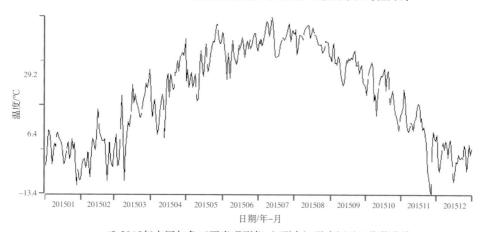

(f) 2015年大同气象三要素观测仪（6测点）温度记录日均值曲线

图 11　2015 年大同磁通门磁力仪及气象三要素观测仪温度记录曲线

　　由图 11（e）可知，2015 年全年磁通门磁力仪（b 测点）记录的年温差为 5.92℃。

　　综上所述，2015 年全年地磁观测室日温差有 363 天都在 0.3℃以下，平均日温差远低于 0.3℃；年温差远低于 10℃，均符合规范要求。

4.2　数据质量

4.2.1　地磁台网观测精度评价

　　地磁观测数据的空间相关可以反映观测数据的精度，通过计算（与太原武家寨地震台 GM4、定襄地震台 FHD-2 对比），大同台 GM-4 磁通门磁力仪、GSM-10OVERHAUSER 磁力仪空间相关系数性良好，符合规范要求，见表 1。

表1 地磁台网观测精度统计

| 仪器名称 | 精度名称 | 测 项 | 台 站 | 统计时间段 |
				2014.3.1—2015.3.31
GM4 (a) 磁通门磁力仪	空间相关系数 (和太原GM4对比)	D (′)	大同	0.971
		H (nT)	大同	0.990
		Z	大同	0.983
GM4 (b) 磁通门磁力仪	空间相关系数 (和太原GM4对比)	D (′)	大同	0.976
		H (nT)	大同	0.979
		Z	大同	0.991
GSM–10OVERHAUSER 磁力仪	空间相关系数 (和定襄FHD–2对比)	F	大同	0.995

4.2.2 观测数据动态分析

（1）GM4 磁通门磁力仪观测数据形态特征。

①动态变化分析。大同台 GM4 仪器可以清晰准确地记录到地球磁场的日变化，如图12和图13所示。大同台 GM4 和太原武家寨地震台 GM4 记录的地球磁场的日变化具有同步性和一致性。

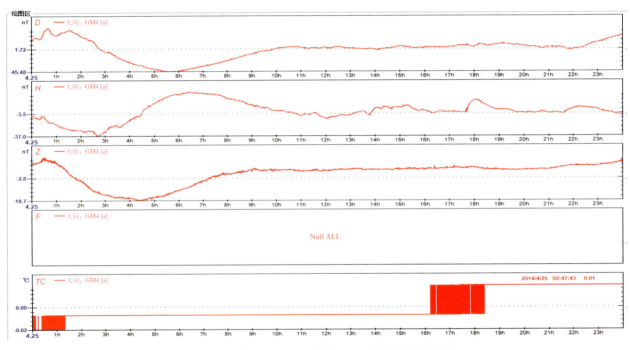

图12 2014年4月25日大同台 GM4 原始秒数据曲线

②干扰分析。大同台GM4秒数据受地电阻率每小时供电干扰，干扰时间段为每个整点值的5～13分，但是各分量干扰程度不同。距离地磁房最近的西供电极距离约100m，因此地电阻率东西供电对GM4的影响更严重些，对于 D 分量地电阻率的南北供电干扰幅度约0.6nT，东西供电干扰幅度约1.2nT，北西供电干扰幅度约0.8nT；H 分量只受东西供电干扰，幅度约0.8nT；Z 分量基本不受地电阻率的供电影响。如图14所示。

大同台 GM–4 分钟值曲线不受地电阻率的供电干扰，如图15和图16所示。

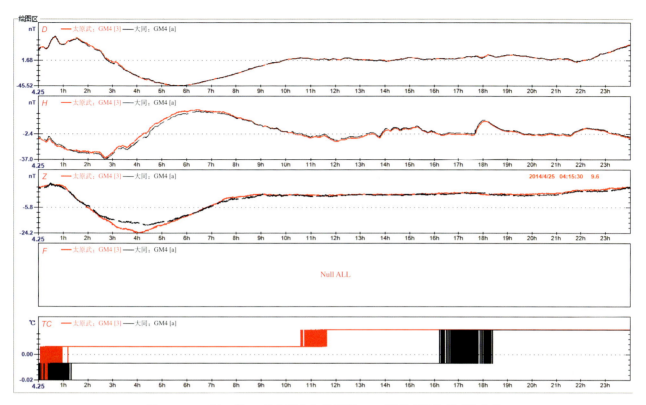

图 13　2014 年 4 月 25 日大同台和武家寨 GM4 预处理秒数据对比曲线

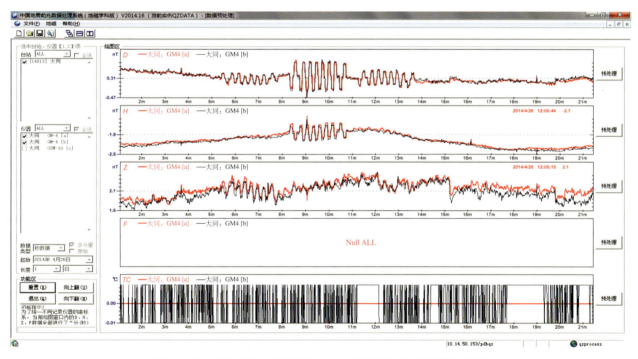

图 14　2014 年 4 月 26 日大同台 GM4 秒数据曲线电阻率供电干扰

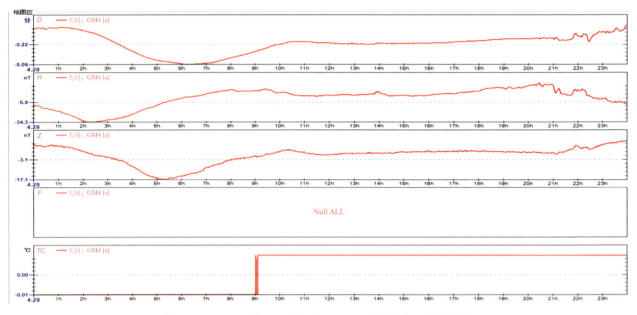

图 15　2014 年 4 月 29 日大同台 GM4[a] 分钟值原始数据曲线

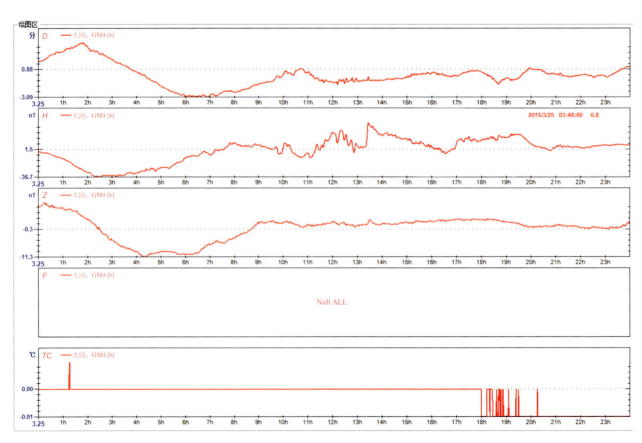

图 16　2015 年 3 月 25 日大同台 GM4[b] 分钟值原始数据曲线

通过对 10 天已经删除电阻率供电干扰的 GM4 秒数据做一阶差分分析，可以看出，GM4 秒数据一阶差分值超 0.5nT 的数据占总数据的百分比大致范围 Z 分量为 0.22%～0.48%；D 分量为 0.02%～0.21%；H 分量为 0.02%～0.05%。

（2）GSM–10 OVERHAUSER 磁力仪观测数据形态特征。

①动态变化分析。大同台 GSM–10 OVERHAUSER 磁力仪可以清晰准确的记录到地球磁场总强度 F 的日变化，见图 17。大同台 GSM–10 OVERHAUSER 和太原武家寨地震台 FHDZ–M15 以及大同台 FHD 记录的磁场总强 F 具有同步性和一致性，见图 18。

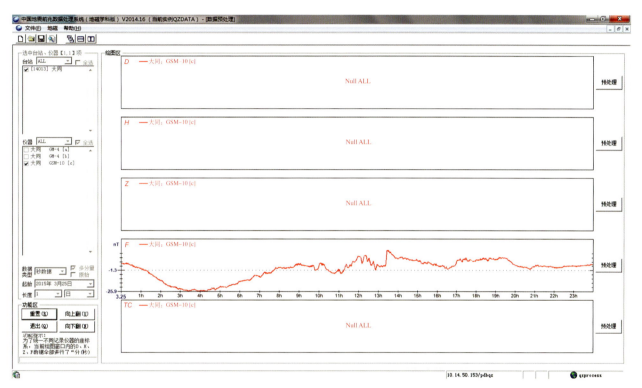

图 17　2015 年 3 月 25 日大同台 GSM–10 OVERHAUSER 磁力仪秒数据曲线

②干扰分析。大同台 GSM–10 OVERHAUSER 秒数据受地电阻率南北向和东西向供电干扰（图 19），分数据不受地电阻率每小时供电干扰（图 20）。

通过对 10 天的秒数据做一阶差分分析，可以看出，OVERHAUSER 磁力仪数据一阶差分值超 0.5nT 的数据占总数据的百分比大致范围为 0.15%～0.45%。

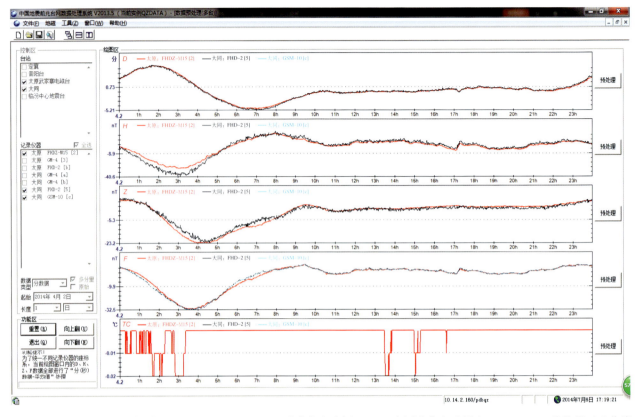

图18 2014 年 4 月 2 日大同 GSM-10 OVERHAUSER 磁力仪和大同 FHD、太原武家寨地震台 FHDZ-M15 分数据对比曲线

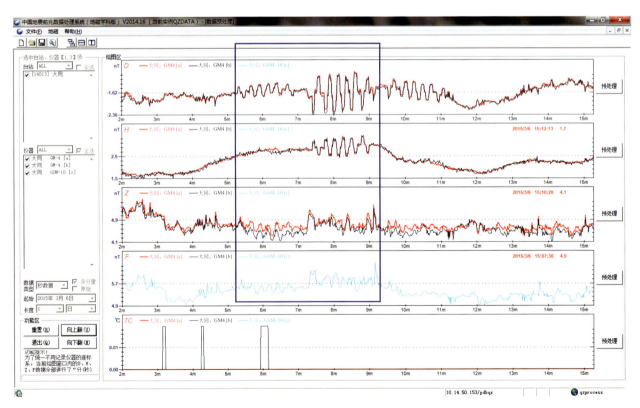

图19 2015 年 3 月 6 日大同台 GSM-10 OVERHAUSER 磁力仪秒数据受电阻率供电干扰曲线

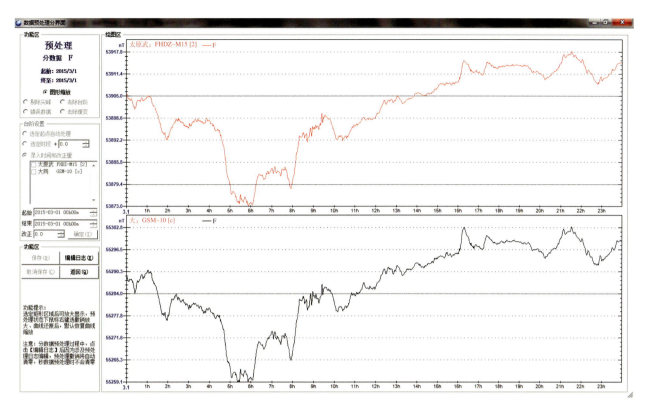

图20　2015年3月1日大同台GSM-10OVERHAUSER磁力仪和太原台M15分钟值数据对比曲线

5　总结

大同地磁基本台根据实际情况对原有方案进行改进，首次采用玻璃钢罐体设计地埋式地磁房，在施工过程及梯度测试中，严格按照地磁规范进行操作，确保满足规范要求。通过两年多的实际运行，观测室日温差及年温差均在规范要求范围内。3套仪器观测精度也符合规范要求。从动态变化上来看，与其他台站地磁仪器进行对比，3套仪器日变化同步性和一致性非常好。

陕西地震背景场探测项目乾陵地磁台选址工作概况

张国强　李京西

（陕西省地震局，西安　710068）

乾陵综合地震台是陕西省重要的综合观测窗口台站，设有测震、电磁、地壳形变、强震学科观测。该台建成 30 余年，获得了多项成果与荣誉，尤其是地磁观测资料在全国监测资料质量评比中，多次获得前三名的好成绩，为全国和陕西省的地震预测、科学研究起到了积极的作用。

乾陵地磁台新建项目作为陕西地震背景场探测项目中投资最大的单台站建设项目，自 2009 年 4 月初开始由陕西省地震局预报中心负责承担台址勘选工作，2011 年 11 月确定台站最终施工图设计方案，目前已完成征地与施工招投标工作，即将开展基建工作。

1　科学选址

地磁台担负着监视全国地磁场变化，为地磁、航天等学科的研究提供地磁数据的重任，部分台站还参加国际资料交换的任务，而台站选址正确则是确保观测资料质量的重要前提。而地磁台建设具有电磁学科自身的特点，一是要新建台站，二是地磁台站观测的要求是最严格与苛刻的，这些都要求地磁台站的建设自选台开始就要严格把关。

1.1　严格执行标准

台站选址严格按照 GB/T 19531.2 — 2004《地震台站观测环境技术要求　第 2 部分：电磁观测》、GB/T 9 — 2004 地震行业标准《地震台站建设规范　地磁台站》、《地震及前兆数字观测技术规范（试行）》，以及中国地震背景场探测项目法人单位的相关文件。

1.2　依托专家

在前期选址的过程中，项目组始终与地磁学科组、背景场探测项目前兆组紧密联系，与兄弟省局地磁学科专家保持交流。其中，周锦屏研究员、杨冬梅副研究员等都给出了宝贵建议，辛长江高级工程师参与了背景噪声的测试工作。

1.3　选址工作概况

通过仔细对比候选场地的 10m × 10m 梯度曲线，认真分析环境背景噪声曲线，并在候选场地四围调查走访，与专家最终确定梯度线稀疏，环境干扰小，四周将来几十年无大开发规划的候选场地。经过图上作业、场址初勘、场地测试等过程，最终选定符合要求的台址。

1.1.1　初步选址

经两个月的图上作业与实地考察，共选出两处候选台址，均位于现乾陵综合地震台附近，一处是陵前村候选场地，位于现乾陵台偏东方向 500m 处，地形为坡地，见图 1。其二是城关镇邀驾宫村候选场地，位于现乾陵台西南约 3km，地形为坡地，三面环沟，见图 2。两处候选场地均位于一般农田区，属于乾县文物保护范围内，附近有省道通县城，交通相对方便。

图1 陵前村候选址

图2 邀驾宫村候选址

1.1.2 10m水平梯度测量与环境干扰噪声测试

30km十字形区域地磁测量是地磁台选址过程中第一步，是初选台址周边地磁要素分布均匀的保证。因初选台址均在现乾陵台附近，并且现乾陵台地磁观测已有几十年实际观测资料，经与学科组讨论认为在原地磁台3～5km范围内重新建地磁台，30km十字剖面总强度跨度磁测可免做，从原地磁台的观测资料看，该条件也是满足的（图3）。

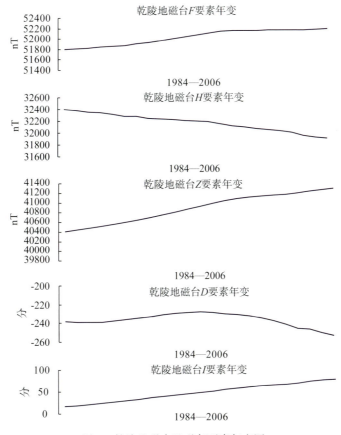

图3 乾陵地磁台地磁各要素年变图

（1）10m 水平梯度跨密度测量。

在候选台址进行 200m×200m 磁场平面梯度勘测，以 10m 间隔布桩，共 21×21 个点位。一台 G856 仪在距中心点附近处做日变观测，另一台 G856 仪在所布点位按顺序与日变观测仪做总强度同步观测，每测点读数 3 次。所测值经日变校正和仪器差校正后，在相应点位上标注 ΔF 差值，画出等值曲线。磁测现场及结果见图 4。

(a) 磁测现场工作图

(b) 候选台址 I 200m×200m ΔF 等值线图

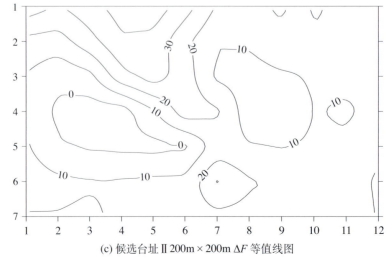

(c) 候选台址 II 200m×200m ΔF 等值线图

图 4 候选台址 200m×200m ΔF 等值线图

（2）电磁环境噪声干扰测试

电磁环境干扰噪声的测试，使用的是国产 GM4 高精度三分量磁通门磁力仪。对候选台址进行地磁偏角（D）、地磁水平分量（H）及垂直分量（Z）连续地 24 小时记录。同时，对两台址周围环境进行了宏观考察，见图 5。

图 5　背景噪声现场测试

经 10m 水平梯度曲线磁测、环境噪声对比与当地环境规划，选定城关镇邀驾宫村为最终候选场地。

2　新台址特点

该台址位于乾陵重点文物保护区内，处于旅游景区内，交通方便，通信条件好，自然生态园内，不会有工矿企业干扰。

北距现乾陵地震台约 3km，东距 312 国道 2.7km，西距铁路线约 9km，距 750kV 高压交流输电线路 2km，距村庄 0.5km。三面沟壑，一面为果林，具有天然的保护作用。

2.1　地形、地质、水文特征

在地形上，地处渭北黄土塬，属半丘陵地带。地质构造上，属鄂尔多斯台与渭河断陷盆地交接地带，在关山—口镇断裂以南，乾县—富平断裂的北侧，有寒武—奥陶系后层灰岩出露，且完整性较好。第四纪黄土覆盖约 20m（城关镇邀驾宫第四纪黄土覆盖约 150m）。气候、水文方面，气温 –6 ～ 38℃，极端气温 –15 ～ 40℃，冻土层 0.5m，全年降雨量为 300ml，地下水位 400m 以下。

2.2　航空磁测特点

由比例为 1 ∶ 10 万的陕西省测绘局出版的航空磁测 ΔT 等值线图（图 6）分析，这里属西北及西北东部大范围的基本地磁场区域，无磁异常区，且等值线稀疏宽缓，能够反映大范围基本地磁场的变化特征（由于比例尺较大，未标识选址，选址在乾陵地震台附近）。

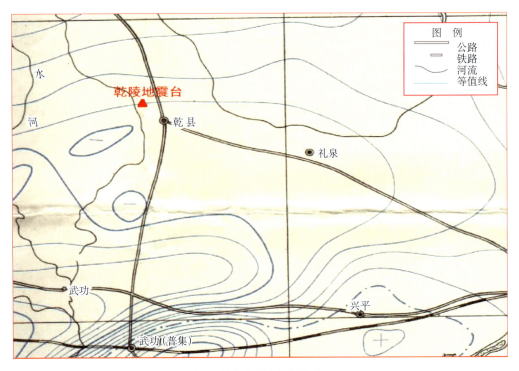

图6 乾陵地磁台周围航磁图

2.3 磁场梯度

场地 ΔF 水平梯度为0.7nT，小于规范要求的 ≤ 1nT 的技术指标。满足 DB/T 9 — 2004《地震台站建设规范：地磁台站》和 GB/T 19531.2 — 2004 中的各项技术要求（图7）。且在东、南方向 100 ~ 300m 都可建观测标志。

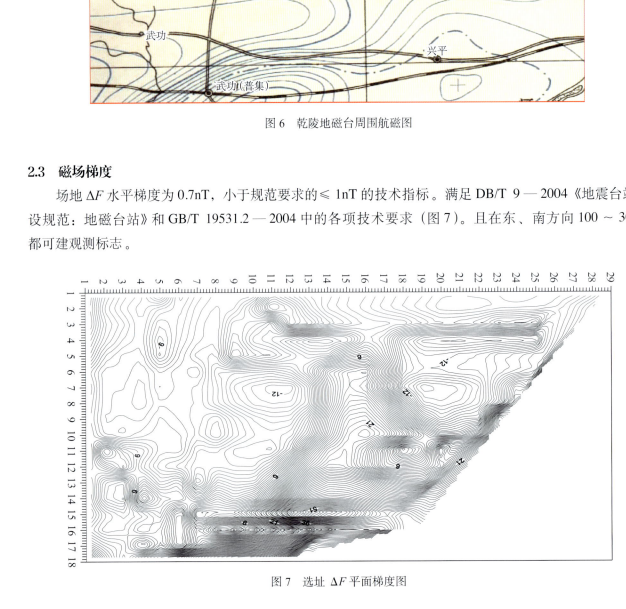

图7 选址 ΔF 平面梯度图

2.4 电磁环境噪声水平

子夜时 D：0.01nT；H：0.05nT；Z：0.04nT；

白天 D：0.02nT；H：0.10nT；Z：0.08nT 地磁台址的电磁环境噪声水平符合规定的 0.1nT 要求。

3 选址经验

地磁台站选址的优劣直接关系到观测资料的质量，好的台址是产出质量高、可靠性好、使用价值高的资料的基础。我们总结了一些经验，也在中国地震背景场西南、西北片区实施工作研讨会上与同行进行了交流，得到了同行和相关专家好评。

（1）在勘选阶段，广泛查阅候选场地的水文、地质、气候、航磁等资料，现场查看环境，详细了解候选场地，采取在场地周围现场走访调查，并与规划部门规划调查相结合的方式，确认候选场地未来的发展规划，确保无干扰。

（2）与实施机构及时沟通，确保项目进度；与地磁学科组项目组保持紧密联系；与兄弟省局实时交流，听取专家的宝贵意见。

（3）由于地磁台站建设的特殊性，可以按照"依托原有台站，因地制宜"的原则进行，在粗勘、测试等条件相似的前提下，可选择附近有台站的拟选场地，以便利用原有台站的便利设施。

背景场项目地电台站建设中观测装置有关问题

赵家骝[1]　　杜学彬[2]

（1. 中国地震局地震预测研究所，北京　100036；

2. 甘肃省地震局，兰州　730000）

当前，背景场工程项目地电学科的相关建设工作正在顺利进行。观测装置建设是地电项目建设的重要内容。为了配合工程项目中期检查，按项目办公室的安排，对地电观测装置建设的有关技术问题提出一些看法，供建设单位参考。

1　地电观测系统的组成

地电观测系统由观测装置、测量系统和检定系统组成，如图1所示。

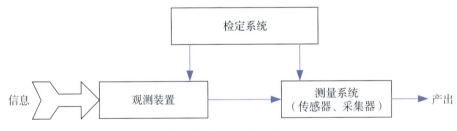

图1　观测系统组成示意图

观测装置是将信号传递或耦合到测量仪器的设施，观测装置串接在观测系统中，它的变化直接影响观测结果。地电观测对观测精度要求很高，同时其观测装置易受外界因素影响，因此对观测装置的可靠性、稳定性要求极高。

2　地电阻率装置系统

地电阻率装置系统包括测线方位和极距、电极、外线路、室内配线和线路避雷。

2.1　地电阻率装置系统的主要技术要求

根据地电阻率观测规范要求，为保证装置系统的稳定性对观测结果的影响不得超过0.5%，观测装置必须满足以下要求。

测量极接地电阻小于100Ω。

供电极接地电阻小于30Ω。

漏电电流影响小于0.1%。

漏电电位差影响小于0.5%。

测量线对地绝缘大于5MΩ。

2.2　测线方位和极距

2.2.1　测线方位

我国的地电阻率观测一般采用四极对称装置，两供点极和两测量极排在一条直线上，该直线和正北方向的交角即为其方位，台站一般布设 2~3 个方位的一测线，即 SN、WE、NE 或 NW 向。地质构造比较清晰的地方，也可以与构造走向平行，垂直，成斜交布设。

测线方位的编号是 SN、NE、WE、NW 分别为 1、2、3、4、号，方位以 S-N，W-E 为正方向。如图 2 所示。

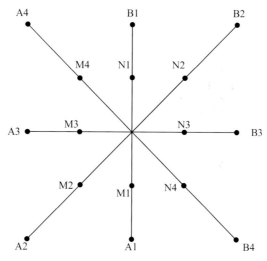

图 2　地电阻率布极方位示意图

新建的台站必须严格按照图 2 标注测线，改造的台站必须核对测线标注是否正确。

2.2.2　供电极距 AB

AB 的选取一般考虑以下两个因素：① 加大 AB，可减小地表电阻率对地电阻率的影响，即可减小人类活动和自然界季节性因素的影响。②加大 AB，可以增加探测深度，但加大 AB，即扩大了测区的范围，这在客观上可能不允许。目前在我国因受多方的限制，一般 AB 为 1km。

2.2.3　测量极距 MN

在供电极距一定时，一般情况下 MN 越小，探测深度越大。但在供电电流一定时，人工电位差也越小，一般选 MN = (1/3 − 1/5) AB。在人工电位差信号较大时，MN 可选得小一些。

2.2.4　电极位置

电极按四极对称布置，两条测线的中心可以不重合。任何电极附近（30m 范围）不应有任何用电设备，如水井、大棚及其他建筑（包括观测室），以防止干扰。必要时可以改变极距或对称性。

2.2.5　供电电极要求

对供电极的要求是接地电阻 R_e 和电极电阻 R_i 越小越好。

供电电极一般为金属，故 R_i 可忽略不计。希望接地电阻 R_e 减小。其原因是：

在供电电流 I 一定时，R_e 减小，供电功率 P 减小。

在供电电流 I 一定时，R_e 减小，供电电压也减小，可减小测量中直流共模干扰电压，对测量的干扰也减小，漏电影响也减小。

2.2.6 供电电极的材料和尺寸

供电电极的材料一般采用化学性质稳定的铅，用其他金属材料如铁和铜，由于其化学性质活泼，腐蚀很快，使用寿命短。供电电极的尺寸一般为 800mm×800mm×4mm。在实际观测中有时接地电阻不能满足要求，这就需要采取一定措施使接地电阻减小，通常用的方法有：

①增加电极的尺寸：由于接地电阻和电极的尺寸成反比，所以增加电极尺寸时，接地电阻会减小，但这样会增加成本。

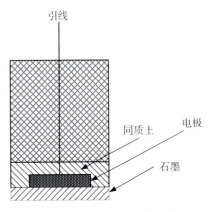

图 3 增加电极有效尺寸示意图

②增加电极的有效尺寸：挖一个底面积比电极大的电极坑，在坑中填上 2～3cm 的石墨，再将电极埋在大坑内，如图 3 所示。由于石墨是良导体，且价格便宜，这样就增加了电极的有效尺寸，成本也增加不多。石墨粉加入后将使电极极化不稳定，故此方法不能用于测量极。

● 减小电极埋设处介质的电阻率

挖一个底面积很大的电极坑，将电阻率较小的土壤或导电树脂填入坑内，再埋电极，如图 4 所示。

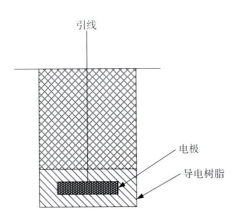

图 4 减小小电极埋设处介质的电阻率示意图

● 组合电极方法

将一组分散埋设的电极并联后做一个电极使用，接地电阻为该组各个电极的接地电阻的并联值。由于电极的接地电阻与电极的线性尺寸成反比，而电极的成本与尺寸的平方成正比，同时在电极的成本一定时，将其分成 N 个电极，独立埋后其接地电阻可减小到原来的 1/n～1/2。使用组合电极应注意：①各个电极的距离应大于电极尺寸的 10 倍以减小各个电极之间的影响；②应该考虑各个电极分流不均匀造成的影响，各个电极离最近的测量极的距离应相等。至少电极应埋设在测线方位的垂直线上，如图5所示。切忌沿测线方位埋设！

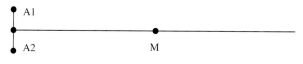

图5　组合电极埋设示意图

2.2.7　测量电极

（1）对测量电极的要求。

要求测量电极埋设后极化电位小，且稳定。

测量电极的接地电阻 R_e 尽可能的小，这可减小线间漏电的影响。

（2）测量电极的材料和尺寸。

测量电极一般采用化学性质稳定的铅，化学性质活泼的金属如铁、铜等，埋地后极化不稳定，造成测量误差加大。

（3）测量电极的尺寸一般为 600mm × 600mm × 4mm。

建议不采用内阻较大的不极化电极。测量电极在埋设前一定要清洗其表面，因为污垢和杂质都会造成极化不稳定。

（4）测量电极的处理。

测量电极和引线之间的连接是一个很重要的问题，除保证接触良好外，还要不使接头处的金属引线裸露出来。可采用两种方法处理。

①在浇铸铅板时将引线直接浇铸在铅板之中，再用沥青灌注连接处。

②将引线焊在铅板的一角，折叠该角使焊点处于铅板之中，再用沥青灌注该角。

（5）测量电极的埋设要求。

要求一组测量电极坑内土质相同，且不能有杂质，这样可减小极化电位差。

极板应水平放置，以避免地下水位上升时极板不完全浸泡在水中而引起不稳定。

电极引线的延长线一定要焊接，用热缩管封好。接头在地下时要做防水处理。

2.3　外线路

外线路是指供电线和测量线。供电线将供电电流传送到供电极，测量线将测量电极的电位送到测量仪器。

2.3.1　外线的技术要求

供电线与测量线之间，供电线对地、测量线对地之间的漏电，造成观测装置不稳定，其影响应在允许的范围内。

2.3.2　外线材料

线材应有一定的抗拉强度，规范对架空线路要求线材的抗拉强度为 28kg/mm² (280N/mm²)。

线材的电阻尽量小，规范要求线材的电阻小于 20Ω/km，一般宜采用高绝缘度的截面积为 6mm² 的钢芯铜线。

2.3.3　外线路漏电影响的定量表示

漏电的影响 ε_1 为漏电电流 I_L 和供电电流 I 之比

$$\varepsilon_1 = I_L / I \qquad (<0.1\%)$$

漏电的影响 ε_2 为漏电电位 V_L 和人工电位差 ΔV 之比

$$\varepsilon_2 = V_L / \Delta V \qquad (<0.5\%)$$

2.3.4 外线路建设

（1）外线路建设分为架空方式和埋地方式。

架空方式便于维护保养，但需埋置电杆，有时会占用耕地，影响农业操作。

埋地方式无电杆，但埋设后若出现问题难以查找。

大多数地电阻率台都采用架空方式，近期由于因外线路常与耕作者发生纠纷，同时当今线材的绝缘和抗腐蚀质量有了很大的提高，给线路埋地提供了条件，因而一些新建台可优先考虑采用埋地方式。

（2）架空线路注意事项。

架线的绝缘子（瓷瓶）应选用高绝缘性的。

线材应选用高强度、高绝缘、抗老化的材料，每个电极的导线最好是完整的一根导线，可根据需要向厂家订购，若需要连接，一定要焊接牢固，并禁止用任何有腐蚀性的助焊剂。

接头应用热缩管封好，且接头不应承受拉力。

架有供电（测量）线电杆应远离测量（供电）极25m以上，可采用两种方式：供电（测量）线从测量（供电）极上空通过或测量（供电）极离开线路一段距离，如图6所示。

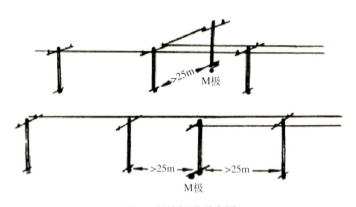

图6 外线架设示意图

（3）一种不正确的外线架设方式。

特别强调如图7所示的不正确外线路敷设方式：线路挂在钢索上，钢索与电杆之间没有绝缘。这就在测区中人为的形成多个联通的接地点，影响到人工电场的分布。当接地条件改变时造成观测结果变化。

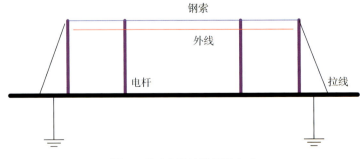

图7 不正确的外线架设方式

对已经架设的线路可采取措施进行弥补：将钢索绝缘；使所有电极离钢索30m。

（4）线路与电极连接的处理。

电极引线和外线的连接要可靠，并易于断开，可采用优质闸刀或防水密封电缆接头；可将电极引线从电线杆中间穿出，再接入接线盒内；也可用金属管将电极引线保护起来。如图8所示。

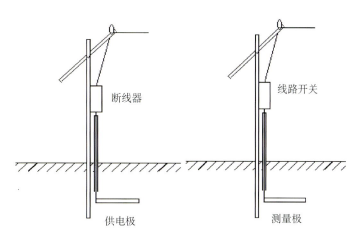

图8　外线与电极连接示意图

背景场建设中增加了装置自动检查设备，供电线与电极连接处有一个断线器，如图9所示。安装时须注意：要有安装的支撑，断线器应水平放置，输入、输出不能接反。

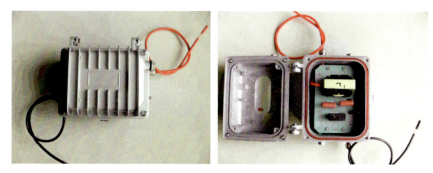

图9　断线器实物图

（5）外线埋地方式的注意事项。

线路必须埋在冻土层以下。

供电线和测量线可埋在同一沟内，但必需相距30cm以上。

测量（供电）电极埋设点必须远离埋有供电（测量）线的电缆沟30m以上，如图10所示。

建议埋地线采用多芯铠装电缆。

2.4　室内配线和线路避雷

室内配线的必要性在于，外线一般较粗不能直接输入仪器；外线接入仪器前必须加装避雷器；便于对外线和仪器进行检查。

安装室内配线和线路避雷设施属于台站观测室建设（改造）工作，为了规范这项工作，项目办公室

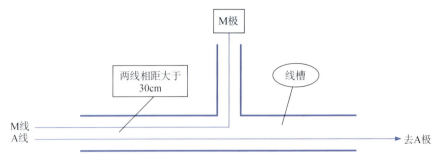

图 10　埋地线路示意图

与仪器生产厂家协商，由厂家统一制作并免费提供。室内配线和线路避雷设施如图 11 所示，外形尺寸为 70 (H) cm × 50 (W) cm × 20 (D) cm。建设单位可与厂家联系提前获得并安装，以节省设备安装时间。

图 11　背景场用室内配线避雷装置

2.5　地线

地电阻率观测系统必须有一个良好的地线，其要求是：

①接地电阻应小于 4Ω。

②接地点应离观测系统中任一电极 30m 以上。

③电源、避雷器、机壳共用同一个地线，从避雷器一点接地。

④不希望与建筑物避雷器使用同一个地线。

3　地电场观测装置系统

与地电阻率观测相同，地电场装置系统也包括测线方位和极距、电极、外线路、室内配线和线路避雷。

3.1　测线方位和极距

　　地电场观测采用多方向、多极距布极观测，其优点是可以检验观测结果的正确性和检查观测系统的问题。常用地电场装置布设方法如图 12 所示。

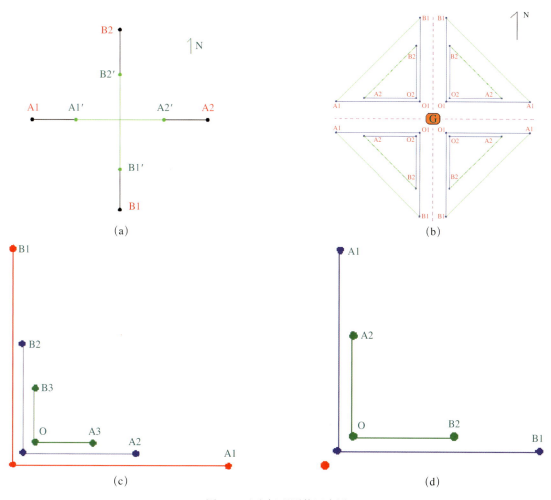

图 12　地电场观测装置布设

　　图 12 (a) 的布极测量通道完全独立，但使用的电极数量较多；图 12 (b) 布极有共用电极，可以检查观测系统，使用的电极数量较少；图 12 (c) 采用 3 种极距，更有利于验证观测结果；图 12 (d) 多了一个 O 电极，可以用来检查电极电位的漂移。目前使用较多的是图 12 (b) 的一种。希望测量线采用多芯电缆，留一些备用线以备改变装置。

3.2　电极

3.2.1　电极的主要技术要求

　　极化稳定，一对电极的极化电位差小。

　　30min 稳定性不超过 0.1mV。

　　24h 稳定性不超过 1.0mV。

　　30d 稳定性不超过 5.0mV。

　　寿命要长。

3.2.2　电极的类型

（1）Pb–PbCl2 固体不极化电极。

技术指标符合要求，使用寿命与埋设方式关系较大。

（2）Pb 电极。

技术指标尚达不到要求，但寿命长。

背景场工程设计是采用 Pb–PbCl2 固体不极化电极。Pb–PbCl2 固体不极化电极埋设前的测试。

将所有电极浸泡在饱和 NaCl 溶液中，稳定 1～2 分钟，测量并记录每两个电极之间的电位差，每两个电极的电位差应不超过 1mV。

3.2.3　电极埋设

在地电场观测中，电极的埋设方式直接影响电极的稳定性和寿命。根据这几年的经验，建议采用图13 所示的埋设方法。在一端封闭的塑料筒中装入调配好的稳定剂，将电极倒置在筒中，为防止电极引线受压可在电极引出处加一开口的塑料管。电极埋深大于 2m。

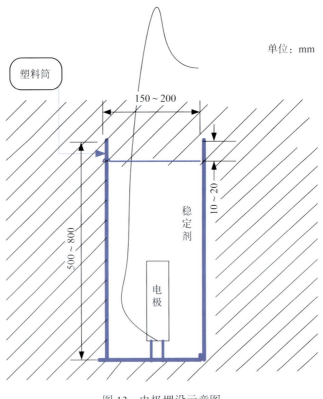

图 13　电极埋设示意图

3.3　地电场线路埋设和室内配线、避雷

可参照地电阻率方法。

郯城马陵山地震台地电阻率改造项目的评价分析

闫万晓　胡尊迎　鲁成义

（山东省地震局，济南　250014）

摘要：本文介绍了郯城马陵山台地电阻率改造中电极和外线路改造等的技术环节，通过对郯城马陵山地震台地电阻率改造前后产出观测资料的数据可靠性、年变特征、观测精度等方面进行对比分析研究，得出背景场项目改造后对地电阻率观测效能一些的评价。

关键词：地电阻率；改造；对比分析；效果评价

引言

地电阻率观测是地震监测预报的重要手段之一，长期的地震监测结果表明，地电阻率观测也是地震监测预报最有效的方法之一，多年以来也获得了一些地震成功预报的范例。地震的分析预报依赖于高质量的地震前兆观测资料，因此，产出真实客观的地震前兆观测资料是地震监测预报工作的基础。

郯城马陵山地震台地电阻率观测自 1981 年投入观测，1998 年 3 月进行数字化改造，将人工观测仪器更换为数字化的 ZD8B 地电仪，同时进行外线路等观测装置的改造，至 2011 年已运行了 14 年的时间，仪器和观测线路等均存在老化现象，系统稳定性变差。为更好地进行地电阻率观测工作，服务地震监测预报事业，2011 年 12 月郯城马陵山台进行背景场项目改造，更换电极和内外观测线路。2013 年 1 月 1 日开始使用 ZD8M 地电阻率仪。郯城马陵山台地电阻率背景场项目改造已完成近 3 年时间，系统运行状态良好，产出数据稳定、可靠，同时也积累了 3 年的数据资料和维护经验。现对在改造中的技术环节和观测资料质量、效能等方面进行一些总结评价。

1 郯城马陵山台地电阻率观测概述

郯城马陵山地震台是根据国务院 69 号文件，为加强郯庐活动断裂地震监视与研究于 1975 年 3 月建台，1999 年被中国地震局列为国家基本台。郯城马陵山地震台位于山东省郯城县泉源乡杨庄村东南，地理位置：34.7°N，118.45°E，高程 110m。郯城马陵山地震台地电阻率观测为区域电磁观测台，布极区位于郯城马陵山地震台西侧，地势东高西低，布极区内均为农田，地形开阔、地势平坦，可以满足地电阻率场地至少在两个正交方向可以布设 1000m 以上的供电电极距的要求；东高西低高差约为 10m，满足地形高差不宜大于电极间距的 5% 的条件，适宜开展地电阻率观测。郯城马陵山地震台地电阻率观测始于 1981 年，是我国较早开展地电阻率观测的专业台站之一。开展观测 30 多年以来，观测仪器经历了从"DDC-2A"、"DDC-2B"，到"ZD8B"，再到"ZD8M"的更新换代，见证了地震前兆观测仪器的发展历程。郯城马陵山地震台地电阻率观测采用对称四极法，供电极距为 1000m，测量极距为 300m，外线路为绝缘架空线。布极图如图 1 所示。

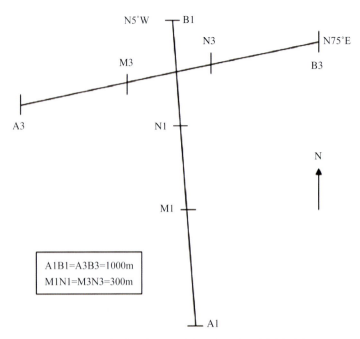

图 1　郯城马陵山地震台地电阻率观测布极图

2　电极、外线路和测量仪器的改造

2.1　更换电极

　　郯城马陵山台于 2011 年 12 月进行背景场项目改造，原电极使用多年，存在被腐蚀的现象，特别是在雨季，对地电阻率观测的影响较大，影响了地电阻率观测资料的质量，因此需要更换新的电极。2011 年 12 月 10 — 11 日更换电极，供电极更换为 100cm×100cm×3mm 的铅板，测量极电极更换为80cm×80cm×3mm 的铅板，在电极的埋设过程中，严格按照规范要求施工，电极坑内土质基本相同且没有杂质。同时，铅板水平放置，避免了地下水位升降时铅板不完全浸泡在水中引起的不稳定现象。电极更换前后数据稳定可靠，此次供电极和测量电极埋深均在 2.5m。

2.2　外线路改造

　　郯城马陵山地电阻率观测外线路采用架空方式，为 7×φ1mm 铜芯乙烯外套线，已使用十多年时间，2008 年前使用钢绞线悬挂的方式，线路磨损较严重，后为解决线路漏电问题，撤掉悬挂钢绞线，之后线路又多次出现线路绝缘层破损事故，线路接头、修补处较多，虽然经过认真修复，但仍存在较大的漏电隐患，特别在雨季。2011 年 12 月 13 — 28 日进行外线路更新改造，外线更换为 5×φ1.5mm 铜芯乙烯外套线，此种线绝缘层内有 5 根相互绝缘的铜芯线，平时观测使用其中的 1 根线，在出现或者怀疑线路漏电等问题时，可以换用其余 4 根线进行排除试验，采用这种方法能够有效的排除因线路问题造成的各种故障，并且在观测线之外的 4 条线路上接有防盗报警器，可在线路断开时及时发现，确保地电阻率观测外线路的安全，保证地电阻率观测的连续稳定。

2.3　地电阻率仪器的更换

　　郯城马陵山地震台地电阻率观测仪器改造前为 ZD8B 地电仪，1998 年启用，已经运行 18 年，存在严重的老化现象，仪器运行稳定性下降，且 ZD8B 无 RJ–45 网口，无法和服务器直接连接，不利于地电阻率观测数据的网络化统一处理，需更换新的观测仪器。2013 年 1 月 1 日仪器由 ZD8B 地电仪更换为

ZD8M 地电阻率仪，新仪器更换后运行稳定。

3 观测资料的对比分析

3.1 地电阻率年变特征

郯城马陵山台电阻率 N5°W、N75°E 两个测道都具有明显的年变规律。两向地电阻率周期变化幅度均符合大于 1% 的标准，N5°W 向地电阻率观测值曲线接近一条光滑的正弦波曲线，N75°E 向不如 N5°W 向规则。2009 年以来郯城马陵山台地电阻率 N5°W 向数据在 7 月、8 月上旬呈上升趋势，8 月中旬后恢复正常；2009 年、2010 年、2011 年数据变化趋势均如此，2011 年底更换电极和外线路，排除了线路漏电等原因，2013 年更换仪器后，在七八月数据上升程度变大。2014 年后又恢复到 2013 年之前的变化程度。如图 2 我们选取郯城马陵山台近十年来的观测数据，从图 2 可以看出，郯城马陵山台改造前后地电阻率数据变化趋势稳定，年变化特征明显，观测数据能清楚地记录到地下介质地电阻率变化现象，可以为地震分析预报提供可靠有效的前兆资料。

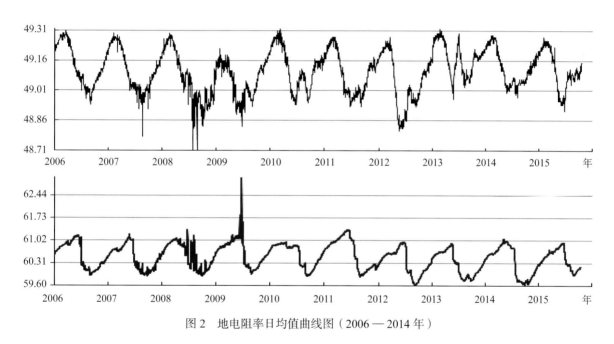

图 2 地电阻率日均值曲线图（2006—2014 年）

3.2 观测资料精度分析

2011 年底改造观测线路、电极，2013 年 1 月 1 日开始使用 ZD8M 地电阻率仪，经过近 3 年的观测可以发现，经过对外线路、电极和测量仪器的更换，郯城马陵山台地电阻率观测资料质量有了一定程度的提高，从表 1 可以看出，2013 年 1 月观测仪器由 ZD8B 更换为 ZD8M 后，两套仪器虽然观测精度相同，但是更换 ZD8M 后，地电阻率观测精度有了一定程度的提高，主要为 ZD8B 运行时间较长，仪器老化导致精度一定程度下降。

地电阻率相对均方差是描述地电阻率观测数据离散程度的物理量，一定程度可以反映观测数据受干扰的程度，从图 3、图 4 可以看出，在 2013 年更换 ZD8M 后，地电阻率相对均方差较 2012 年明显变小，特别是 N5°W 向，除在雨季时间段外均小于 0.1%，说明观测数据的离散程度明显减小，抗干扰较改造前明显增强。

表 1 2010 — 2014 年郯城马陵山地震台地电阻率观测月精度（%）

时 间	1月	2月	3月	4月	5月	6月	7月	8月	9月	10月	11月	12月
2010年	0.14	0.19	0.22	0.22	0.20	0.21	0.20	0.22	0.16	0.18	0.18	0.20
2011年	0.15	0.20	0.21	0.25	0.26	0.26	0.23	0.21	0.22	0.17	0.17	0.13
2012年	0.16	0.18	0.23	0.21	0.18	0.23	0.27	0.20	0.16	0.15	0.16	0.14
2013年	0.13	0.15	0.20	0.16	0.20	0.21	0.18	0.20	0.14	0.15	0.11	0.11
2014年	0.13	0.16	0.14	0.17	0.15	0.14	0.13	0.13	0.18	0.17	0.19	0.20

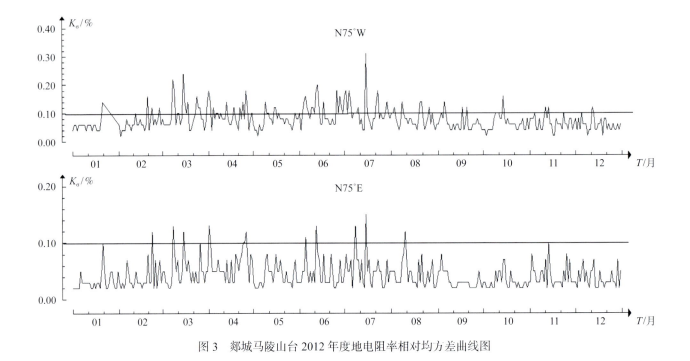

图 3 郯城马陵山台 2012 年度地电阻率相对均方差曲线图

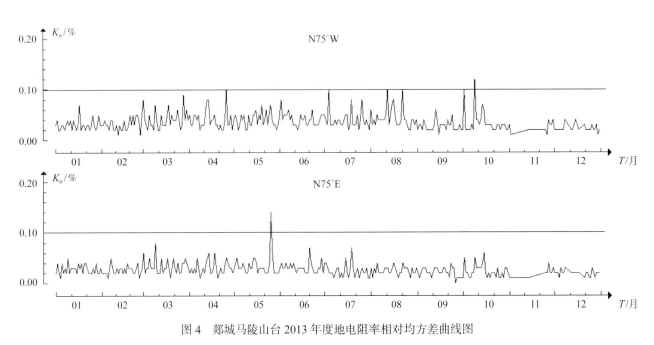

图 4 郯城马陵山台 2013 年度地电阻率相对均方差曲线图

4　总结

（1）郯城马陵山地震台地电阻率观测外线更换为 $5 \times \varphi 1.5mm$ 铜芯乙烯外套线，使用其中 1 根作为主线，其余 4 根接防盗报警器，可以有效的解决地电阻率观测在外线路方遇到线路漏电更换新线路的问题，保证地电阻率观测的连续稳定，提高资料质量，同时也加强野外线路的防盗保护。

（2）郯城马陵山台地电阻率改造后，地电阻率数据稳定，年变趋势清晰且和之前资料年变趋势具有延续性，有利于地电阻率观测长期趋势的分析研究。

（3）通过背景场项目的改造，电极、外线路和观测仪器更换后，观测资料质量具有一定的提高，抗干扰能力增强，数据质量符合识别地电阻率异常的要求。

热水开采对香泉台水氡观测的影响*

陶月潮[1]　罗志春[2]　胡　燕[2]　汪世仙[3]　陶　媛[4]　胡　惟[1]

（1. 安徽省地震局，合肥　230031；

2. 安徽省香泉地震台，马鞍山　238254；

3. 安徽省庐江地震台，合肥　231511；

4. 安徽省合肥地震台，合肥　230031)

摘要：香泉台是背景场项目建设台站之一，为了保持香泉台的水氡观测，排除热水开采对观测数据的影响，本文通过对热水开采造成香泉水氡测值变化的形态、幅度进行了试验和研究，并分析了香泉台水氡年变动态改变的原因，提出了减轻环境干扰的建议。

关键词：热水开采；试验；水氡；影响

引言

近年来，由于当地进行温泉开发，大量抽取地下热水，造成香泉地震台观测井流量减小直至断流、水位显著下降，严重影响了水氡观测和异常的识别。在背景场项目实施过程中，为了保持香泉台的水氡观测，排除环境因素对观测数据的影响，提取可靠的震兆异常，充分发挥该台前兆资料在地震预报中的作用，我们通过试验，分析了热水开采对水氡观测的影响特征。

1　香泉台水氡观测基本情况

安徽香泉地震台地处马鞍山市和县香泉镇，位于郯庐断裂带以东，下扬子破碎带西侧，和县北大断裂带上。该地温泉出露于淮阳"山"字形构造前弧东翼、含山挤压褶皱带上的龙王山—南龙山背斜中段、锅底山东北麓的上寒武纪仓山灰岩断裂带内。

香泉台于 1975 年 8 月开始水氡观测，观测仪器为 FD-125 氡钍分析仪，水氡异常与华东地区中强地震有较好对应（张炳初，1995）。1975 年观测的是自然温泉露头，1983 年 5 月正式建井，井深 49.25m，水温 47.8℃，为自流温泉。观测井孔上部为第四系覆盖层，下部为古生代灰岩。1999 年新建了观测井房，观测条件较好。

2　热水开采对水氡观测的影响

2000 年开始，香泉镇进行温泉开发，2007 年 4 月 13 日香泉台观测井断流。

2.1　热水开采概况

目前，香泉地热区主要钻孔除香泉台观测井以外，主要有泰华井、建宇井和江标井。这些钻孔距观测井最近的只有 120m，最远的 1000m 左右，钻孔位置及基本情况见图 1 和表 1。

---

* 地震背景场项目、安徽省地震科技基金项目（20140202）联合资助。

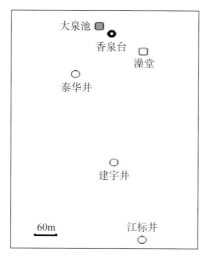

图 1　香泉台观测井及周边抽水井位置示意图

Fig. 1　location diagram of the observation wells and the surrounding pumping wells in Xiangquan Station

表 1　香泉台观测井及周边抽水井简况

Table 1　Brief description of the observation wells and the surrounding pumping wells in Xiangquan Station

井孔名称	距1号井距离/m	井深/m	水温/℃	静水位/m	顶板埋深/m	地下水类型	含水层岩性
观测井		50.22	47.8	自流井		岩溶裂隙水	灰岩
泰华井	120	201.5	45.6	0.46	102.6	岩溶裂隙水	灰岩
建宇井	500	360	47.2	6.8	86	岩溶裂隙水	灰岩
江标井	1000	300	46.2	5.1	103	岩溶裂隙水	灰岩

主要抽水井为泰华井，位于观测井西南约 120m，井深 201.5m，水温 45.6℃，水泵放在井下 30m 处，抽水量 100t/h。2007 年 4 月开始，一直连续抽水。建宇井已安装水泵、布设输水管道，作为供水备用井，间断抽水。由于泰华井的连续大量抽水打破了地下水动态平衡，致使观测井以及附近的大泉池、澡堂等天然温泉露头，先后停止自流。

2.2　抽水对水氡观测的影响

2000 年 8 月 6—15 日，香泉镇澡堂维修，大量抽水，引起香泉水氡测值下降。抽水期间，水氡测值由 72.7Bq/L，下降到 63.2 Bq/L，下降幅度达 14%（图 2）。

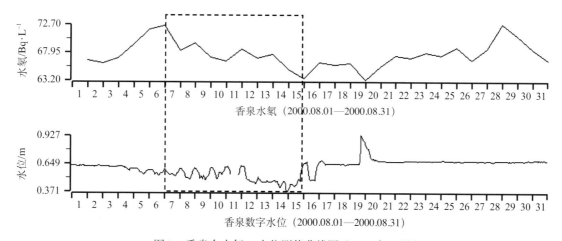

图 2　香泉台水氡、水位测值曲线图（2000 年 8 月）

Fig. 2　Measured value curve of water-radon and water level in Xiangquan Seismic Station (2000，August)

197

2006 年 11 月 6 日，泰华井连续 24 小时抽水，水位陡降 0.85m，引起观测井短时断流，水氡测值下降 13%（图 3）。

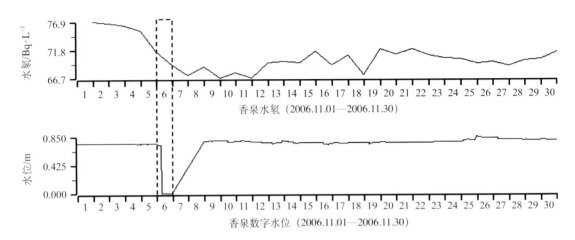

图 3　香泉台水氡、水位测值曲线图（2006 年 11 月）

Fig. 3　Measured value curve of water-radon and water level in Xiangquan Seismic Station (2006，November)

2007 年 2 月，泰华井间断抽水试验。这次抽水时，经过协商，专门安排人员在地震台值班，观察井水位变化，当观测井水位下降较多时，暂停抽水，使观测井保持自流状态。试验期间，水氡测值仅变化 3%，基本不受影响（图 4）。

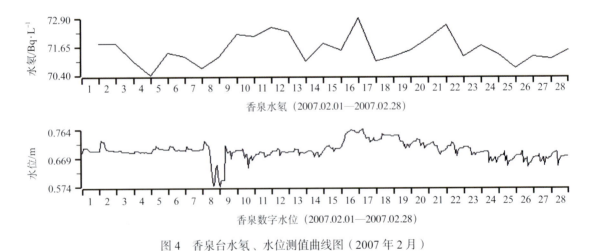

图 4　香泉台水氡、水位测值曲线图（2007 年 2 月）

Fig. 4　Measured value curve of water-radon and water level in Xiangquan Seismic Station (2007，February)

3　不同水井的观测试验

水氡观测结果受周围地下水开采的影响，与观测井的水文地质环境、地下水开采方式、开采量等因素有关。香泉观测井断流后，为了分析香泉地热区水氡的变化特征，香泉台利用当地的输水管道，对泰华井、建宇井的水氡进行了多次测试，并新建香泉 2 号井，进行了取样条件和水氡连续观测试验。

3.1　泰华井、建宇井的水氡观测试验

泰华井、建宇井的输水管道均为 PVC 管，主管径 ϕ110mm，用 ϕ20mm 支管接入地震台井房。

3.1.1 泰华井水样试验

2007 年 4 月 17 日至 7 月 6 日，从输水管道的支口取泰华井水样，进行水氡测定，结果如图 5 所示。

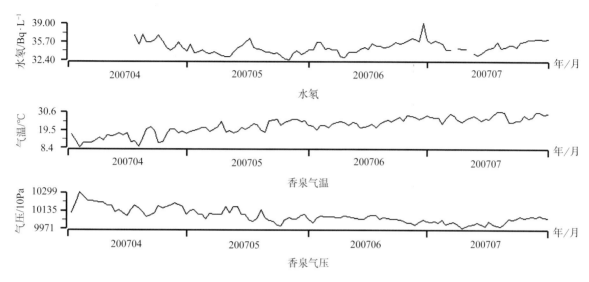

图 5 泰华井水氡主、副样及气温、气压日值曲线

Fig. 5 Daily observed values curve of water-radon key sample，sub sample and temperature，atmospheric pressure

观测条件比较：原水氡日常观测，取水口流量 2007 年 1 月 0.406 L/S；2007 年 2 月 0.3710 L/S；2007 年 3 月 0.437 L/S，取样水温 47.4℃；试验观测，取水口流量 0.435 L/S；取样水温 45.5℃。两者基本一致。

两者主要区别：原水氡日常观测是从自流状态的井口直接取样；试验观测水样是水泵抽水，而且经过 100 多米的输水管道。

3.1.2 建宇井水样试验

2007 年 7 月 7 日，从输水管道的支口取建宇井水样，输水管道长约 500m，水氡观测结果：主样 237.7Bq/L，副样 246.5 Bq/L。

试验表明，原观测井、泰华井、建宇井水氡测值差别较大，原观测井水氡含量 70Bq/L 左右，泰华井水氡含量 30 ~ 40 Bq/L，建宇井水氡含量为 240 Bq/L 左右。

泰华井的水氡数据变化不具有原观测井水氡与气温反相关的特征，这些可能与水泵抽水状态、长距离的输水管道等因素有关。

3.2 新建香泉2号井取样条件和水氡连续观测试验

2008 年 6 月，在对原观测井洗井时发现，井管严重锈蚀破裂，无法继续使用。和县地震局在原观测井北侧 3m 处重新钻井，井深 50m，现称为香泉 2 号井。由于受到周围抽水的影响，香泉 2 号井为不自流温泉井，该井水位埋深 4m 左右，水温 47.5℃。

香泉 2 号井井管采用直径 ϕ108mm、厚 5mm 的无缝钢管，下至井下 49m。井孔 43 ~ 46m 为主要含水层，46 ~ 49m 为次要含水层，采用花管（图 6）。井孔结构与原观测井不同的是，原观测井在 12.5 ~ 28.9m 还有一含水层。

2009 年 9 月 25 日，香泉台在 2 号井恢复水氡观测，抽水管道安装至井口以下 11m 处，安装自吸式抽水泵，抽水电机为 750W，额定抽水流量为 2m³/h。取样时间最初为开机抽水 10 分钟后，2009 年 10 月 5 日开始，改为抽水 20 分钟后，2011 年 1 月 1 日，取样时间定为开机抽水 15 分钟左右。水氡测值

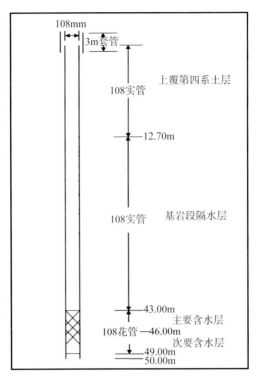

图 6 香泉 2 号井井孔结构示意图

Fig. 6 The structural diagram of borehole in Xiangquan 2# well

40Bq/L 左右，比原观测井 70Bq/L 左右低。

3.2.1 取样条件试验

由于需要抽水取样，抽水时间对水氡测值有一定影响。分别选择抽水 10 分钟、15 分钟、20 分钟后，采取水样并测量水温，进行水氡测量。结果显示，抽水 15 分钟以后，水温基本稳定，水氡观测结果一致性较好。

根据试验结果，选定抽水 15 分钟取样。

3.2.2 水氡连续观测试验

2013 年 4 月 23 — 24 日，由庐江地震台、香泉地震台技术人员，采用 P2000 高精度测氡仪，间隔 30 分钟取样，对 2 号井水氡进行连续观测，观测结果如图 7 所示。

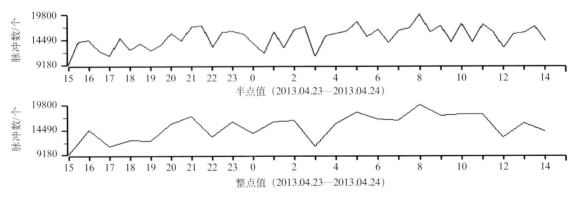

图 7 香泉 2 号井水氡半点值、整点值曲线

Fig. 7 The curve of water-radon half hour value and hour value in Xiangquan 2# well

连续观测结果表明，2号井水氡整点值固体潮效应不明显，正常状态下变化平稳。

4　2号井与原观测井水氡年变动态比较

分析2012年水氡日值与气温的关系，可见2号井水氡与气温变化形态基本一致，具有冬低夏高的年变特征。进一步对水氡日值做21点斯宾塞平滑滤波处理，固体潮效应不明显（图8）。

不同的是，原观测井水氡具有冬高夏低的年变特征，且经21点斯宾塞平滑滤波处理后，月变化显示两峰两谷的固体潮效应（图9）。

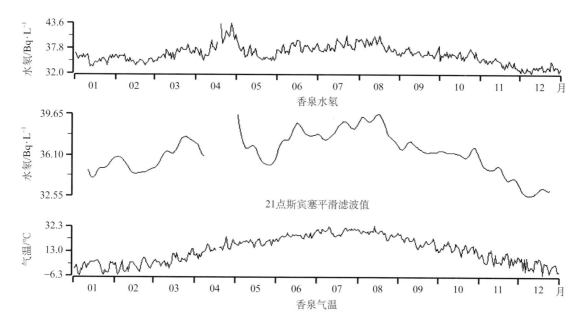

图8　香泉2号井水氡、水氡斯宾塞平滑滤波值、气温变化曲线（2012年）

Fig. 8　The curve of well water-radon, Spencer smoothing filter value, temperature variations in Xiangquan 2# well (2012)

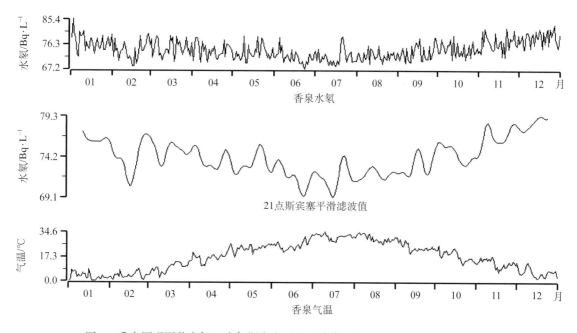

图9　香泉原观测井水氡、水氡斯宾塞平滑滤波值、气温变化曲线（1994年）

Fig. 9　The curve of raw observation well water-radon, Spencer filter value,temperature variations in Xiangquan Old well (1994)

5 结论与讨论

香泉地热区的温泉开采打破了地下水的动态平衡，导致原水氡观测井自流状态的改变，对水氡观测产生直接影响。可以采用抽水方式，进行水氡观测。抽水井水氡测值与年变动态都与原来自流井明显不同，这与井孔结构和井口自流状态的改变有关。

为减轻温泉开采对地震观测的影响，应禁止在香泉地热区增加新的钻井，要求现有抽水井采取定时定量抽水方式。

参考文献

安徽省地震局．2004．安徽省地震监测志．合肥：安徽大学出版社，196~202．

张炳初．1995．试论香泉水氡的映震能力．地震学刊，4：35~40．

Effect of geothermal water exploitation on water-radon observation in Xiangquan Seismic Station

TAO Yuechao[1]   LUO Zhichun[2]   HU Yan[2]   WANG Shixian[3]   TAO Yuan[4]   HU Wei[1]

(1. Earthquake Administration of Anhui Province，Hefei 230031，China;

2. Xiangquan Seismic Station of Anhui Province，Maanshan 238254，China;

3. Lujiang Seismic Station of Anhui Province，Hefei 231511，China;

4. Hefei Seismic Station of Anhui Province，Hefei 230031，China)

Abstract: Xiangquan station is one of the "background field construction project", In order to keep the water-radon observation in Xiangquan Seismic Station，excluding water mining influence on the observation data of water，the article aims to test and study on the shape and amplitude of Xiangquan radon variation caused by geothermal water exploitation，analyzed the reason of its water-radon annual variation dynamic，and put forward some suggestions of decreasing environmental disturbance.

Key words: geothermal water exploitation；test；water-radon；influence

山东地震背景场探测项目成果简介

张　芹　张　玲　董晓娜　曲　利

（山东省地震局，济南　250014)

摘要： 介绍山东地震背景场探测项目建设概况及成果，强震项目的完成提高了山东省地震重点监视防御区及周边地区强震动的监测能力，前兆项目所建成的集人工观测、数字化观测、人机交互一体的观测技术系统，为地震预报研究、地震应急提供了连续可靠的观测数据。

关键词： 山东；地震台站；背景场探测项目

引言

山东地震背景场探测项目是中国地震背景场探测项目的子项目，包括测震台网、强震动台网、地形变台网、地电台网、地下流体台网5个专业子项的建设，总投资为593.14万元。建设地震观测台站16个，主要地震观测仪器65台（套）。山东地震背景场探测项目建设任务的完成，加大了山东省重点监视防御区强震动观测台站的布设密度，提高了山东省地震重点监视防御区及周边地区强地震动的监测能力。形变台网项目的实施，填补了整个鲁西南地区没有形变前兆台站的缺失，优化了山东乃至全国前兆台站的布局。前兆流体项目则建成了集人工观测、数字化观测、人机交互一体的地震前兆观测技术系统，提高了数据的精度和利用价值，为地震预报研究、地震应急提供了可靠的技术资料。

1　山东背景场项目基础建设

山东省地震局严格按照《中国地震背景场探测项目测震台站场址勘选技术指南》的要求，对拟建设项目台站场地进行了图上作业、宏观勘选和仪器勘选3个过程。经过严格的台址勘选最后确定了3个测震台站，6个强震动台站，7个前兆台站的建设任务。

1.1　测震台网项目建设

测震专业技术人员依据《测震台站台址勘选要求》、国家标准 GB/T 19531.1 — 2004《地震测震台站观测环境技术要求　第1部分：测震》以及《地震及前兆数字观测技术规范》等标准，规范的进行了台站勘选工作。首先根据图上作业的结果进行实地踏勘，详细调查台基的地质环境、气象、交通、供电、通信、土地权属、经济社会发展规划等地理人文条件，然后经过现场地脉动仪器测试48小时数据处理分析，确定新建台站的具体点位。测震分项的建设任务包括以下3项。

（1）升级改造泰安基准地震台卫星传输设备。

（2）在淄博市周村区萌山水库东边（即萌水镇夏侯村）建设周村地震台，土建工程主要包括新建一个19.71m^{2}的观测室和一个基岩摆墩，台站技术系统的建设主要包括宽频带地震计、24位数据采集器、GPS系统、供电、电源及通信避雷、防护罩、光缆铺设等。

（3）在青岛市崂山区沙子口街道朝连岛上建设一处地震台站，土建工程主要包括新建一个 19.71m² 的摆房和一个水泥石子浇筑的摆墩，台站技术系统的建设主要包括宽频带地震计、24 位数据采集器、卫星传输设备、GPS 系统、供电、电源及通信避雷、防护罩等。

1.2 强震台网项目建设

根据《中国数字强震动台网技术规程》，在宏观勘选的基础上，技术人员通过仪器勘选，包括现场背景振动噪声测试、必要的通信信道测试及测试数据分析处理，确定在山东省地震重点监视防御区建设东城、圈里、牡丹、莱西、胶南、鱼台 6 个数字强震动观测固定台站，分布在全省的 6 个市县。在这 6 个强震动台站中，新建了观测室和观测仪器墩，并安装了强震动仪器（表 1）。

表 1 强震动台建设信息

序 号	台站名称	记录器	拾震器	场地类型	建设类型
1	圈里台	EDAS-24GN	TDA-33M	土层台	新建台
2	牡丹台	EDAS-24GN	TDA-33M	土层台	新建台
3	东城台	EDAS-24GN	TDA-33M	土层台	新建台
4	鱼台台	EDAS-24GN	TDA-33M	土层台	新建台
5	莱西台	EDAS-24GN	TDA-33M	土层台	新建台
6	胶南台	EDAS-24GN	TDA-33M	土层台	新建台

1.3 前兆台网项目建设

前兆分项包含地下流体观测项目、形变观测项目、电磁观测项目。

1.3.1 地下流体观测项目

根据中国地震背景场探测项目勘选技术要求，对有建设任务的各地震台站的观测环境、基础设施、拟增上测项等项目进行了实地勘选。台站勘选分图上作业、宏观勘选和仪器勘选，先对观测站观测站环境、条件等内容进行实地调查、勘选和测试，再对观测井进行温度梯度的现场测试，最后对拟选定的温度传感器投放点进行高密度温度测试。所改建和更新的设备均满足《地热观测网水温观测站（点）堪选要求和质量评价指标》。

建设内容主要有 2 项：

（1）改造改建 4 个观测井的观测室。对聊城台、枣庄鲁 15 井、广饶鲁 03 井、乐陵鲁 26 井 4 个观测井的观测室进行了装修，并改造了供电、避雷系统及通信链路。

（2）完成 9 套仪器更新改造。更新了聊城水化站的离子色谱仪、便携气相色谱仪等 4 套仪器，广饶鲁 03 井、枣庄鲁 15 的水温，及乐陵鲁 26 井水位、水温仪器 4 套，辅助设备 1 套（表 2）。

表 2 前兆流体项目建设信息

台站名称	台站（点）人员数	设备名称	设备型号
聊城台	有人值守	气相色谱仪	SP-3400
		高精度测氡仪	RAD-7
		便携式气相色谱仪	GC-2400
		离子色谱仪	CIC-200
枣庄鲁15井	无人值守	水温仪	SZW-1A
广饶鲁03井	无人值守	水温仪	SZW-1A
乐陵鲁26井	无人值守	水位仪	SWY-Ⅱ
		水温仪	SZW-1A

1.3.2　形变观测项目

依据《地震台站建设规范》中关于洞室地倾斜、地应变台站及钻孔地倾斜台站的具体要求，经过实地堪选，最后确定形变台网背景场项目的建设任务为泰安基准地震台和嘉祥地震台。具体建设任务如下：

泰安基准地震台：新建 1 口 100m 的钻井，安装井下综合观测仪 1 套。

嘉祥地震台有 3 个建设任务：

（1）新建仪器洞室、记录室、三套线式摆墩及台式摆墩，对山洞仪器室和记录室内进行了防水、防潮、保温建设改造，以满足仪器对工作环境的要求。

（2）在嘉祥台观测楼东面平台上新建 60m 深的钻孔应变观测井，并建设保护用房。

（3）技术系统的建设主要包括 VP 宽频带倾斜仪、DSQ 水管倾斜仪及检测装置、SSY-2 伸缩仪及检测装置、RZB-2 分量钻孔应变仪、数据汇集器、PC 机及 UPS 电源等。

1.3.3　电磁观测项目

依据电磁观测环境技术要求及地电台站建设规范的行业标准，对拟改造郯城马陵山地震台地电阻率的观测环境进行了实地勘选，在场地满足地电阻率观测项目所要求的技术条件下，确定了郯城马陵山地震台地电阻率的建设任务有 2 项。

一是对郯城马陵山地震台地电阻率外观测系统包括电极、外线路等进行了改造。具体内容为：

（1）铅板电极 1 套：供电极铅板面积不应小于 800mm×800mm，厚度不应小于 3mm；测量电极铅板面积不应小于 500mm×500mm，厚度不应小于 3mm。

（2）电杆 50 套：钢筋混凝土杆，长度不宜小于 8m。

（3）电缆线 6km：抗老化绝缘导线，导线电阻不应大于 20Ω/km，拉断力不宜小于 2000N。

（4）外线路辅助材料中的线路应采用金属材料，绝缘子在浸水实验时绝缘电阻不应小于 300MΩ。

二是对地电阻率仪和装置检查仪进行了升级改造，新增了地电阻率仪（ZD8M）。

2　山东背景场项目技术系统建设

2.1　测震台网项目建设

测震设备选用了国内先进成熟的数字地震观测技术，保证了数据的高可靠性和测震数据的实时传输。宽频带地震计和具备网络功能的 24 位数据采集器，对观测数据进行实时采集。再通过 SDH（2M）光纤、3G 或卫星小站等传输方式将数据传送到山东省地震台网中心和中国地震台网中心。传输的同时，数据会实时存储到测震服务器，因为服务器都做 RAID 数据备份，能够确保服务器发生故障时，不会丢失数据，保证了观测数据的完整。通过网络调用服务器数据，还可以实现地震波形实时显示、处理及备份等功能。

朝连岛地震台技术系统构成包括宽频带地震计、24 位数据采集器、GPS 系统、供电设备、电源及通信避雷、3G 传输、卫星小站等。观测数据通过卫星小站传输至国家地震台网中心（图 1）。

周村地震台技术系统构成包括宽频带地震计、24 位数据采集器、GPS 系统、供电设备、电源及通信避雷、光纤传输等。观测数据通过光纤传输至山东省地震台网中心（图 2）。

两台的台站综合监控系统可实时远程监控市电输入，UPS 输及设备 12V 供电等信息，遇到设备死机等问题时可远程断电重启，可通过高清摄像头在省局查看设备运行情况。

泰安台技术系统构成主要是在原有光纤传输方式的基础上安装卫星小站，作为备份传输方式。

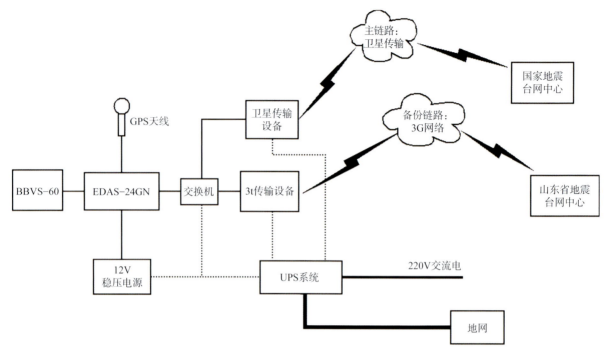

图 1　朝连岛地震台测震观测系统构成

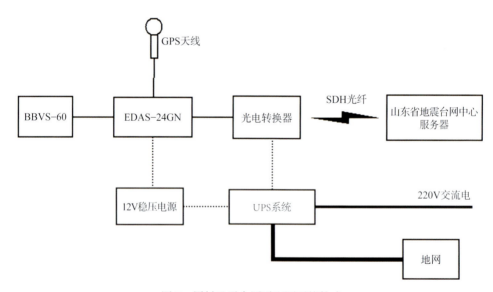

图 2　周村地震台测震观测系统构成

2.2　强震台网项目建设

强震动设备采用的 EDAS-24GN 数字记录器是目前国内最先进的仪器之一，所用 TDA-33M 三分量力平衡加速度计技术性能也达到国际先进水平。所有数字强震仪和加速度计均具有动态范围大、频带宽、噪声低、采样率高、时间精度高等特性。数据的传输则结合现实条件，对圈里台、东城台、牡丹台、莱西台、胶南台 5 个强震台采用了无线 3G 的实时传输方式，鱼台台则采用了 SDH 光纤专线的传输方式。山东省强震动台网部通过通信计算机或网络服务器，使用 Jopens 系统或烈度速度系统实现数据的实时汇集。

固定数字强震动观测台站技术系统包括数字强震动记录器、力平衡式加速度传感器、通信单元、供电及电源辅助系统和接地避雷设备等（图3）。

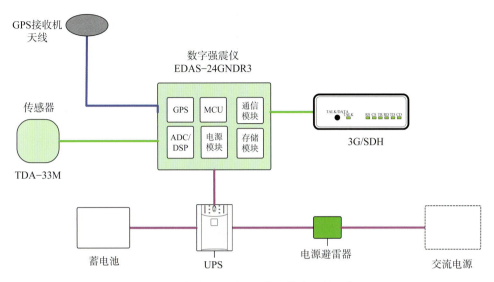

图3　固定数字强震动观测台站技术系统示意图

2.3　前兆台网项目建设

2.3.1　地下流体观测项目

地下流体台网建设工程观测技术系统是以网络平台为基础，将聊城水化站、广饶鲁03井、枣庄鲁15井、乐陵鲁26井观测仪器信息进行汇集，实现地震观测数据传输、处理和共享的网络化（图4）。所采用的离子色谱仪（CIC-200）等设备达到了国际先进水平，采用的水位、水温仪也是国内最先进的数字化观测设备。技术系统结构如图5所示。

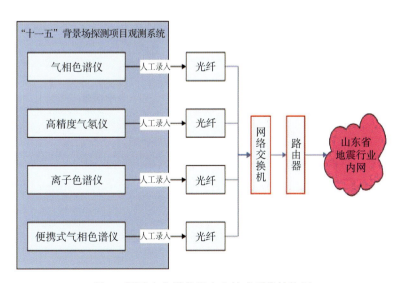

图4　聊城水化学分析中心技术系统结构图

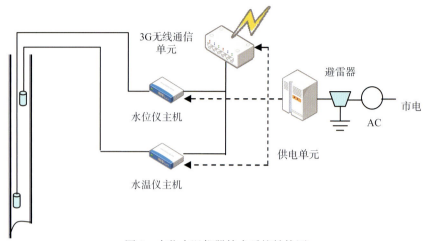

图 5　水位水温仪器技术系统结构图

2.3.2　形变观测项目

　　地壳形变台观测站技术系统包括观测系统、供电、防雷、数据传输、监控与备份和数据处理等部分。观测系统所采用的关键形变设备如宽频带倾斜仪、水管倾斜仪等，都是目前国际上最先进的产品。数据的传输直接采用 SDH 有线专网的接入方式。作为高速数字传输光纤网络，SDH 技术成熟，接口类型丰富，兼容性好，数据传输安全可靠，能够完全满足连续观测数据传输的要求，充分保证了台站监控数据的安全上传。技术系统结构如图 6 所示。

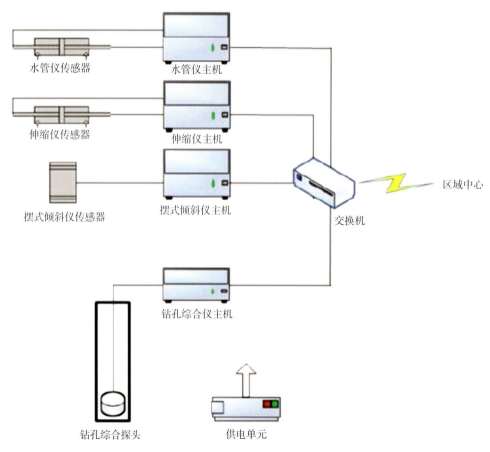

图 6　地壳形变基准网典型观测站技术系统结构图

2.3.3 电磁观测项目

郯城马陵山地震台地震观测技术系统是以网络平台为基础，将郯城马陵山地震台地电阻率观测仪器信息进行汇集，实现地震观测数据传输、处理和共享的网络化。观测采用的地电阻率仪（ZD8M）是国内最先进的数字化设备及"十五"科技攻关最新设备。地电阻率技术系统结构如图7所示。

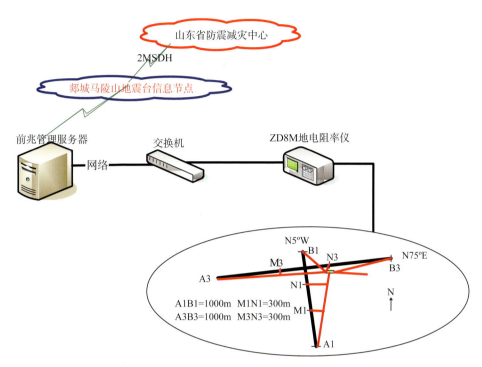

图 7　郯城马陵山地震台地电阻率技术系统结构图

3 技术成果与效益

3.1 技术成果

山东地震背景场探测项目建设任务的完成，提高了山东省重点监视防御区强震动观测台站的布设密度，固定数字强震动台由"十一五"期间的 134 个增至 140 个，台站平均密度达到 1 台 /1700km²，达到了国家二级重点监视防御区要求的台站密度，大大提高了山东省地震重点监视防御区及周边地区强地震动的监测能力。山东背景场形变台网项目的实施，填补了整个鲁西南地区没有形变前兆台站的空白，充实了整个山东省形变台网布局，实现了形变仪器的多样化，优化了山东乃至全国前兆台站的布局。前兆流体项目建成了集人工观测、数字化观测、人机交互一体的地震前兆观测技术系统，整个观测系统基于聊城地震水化试验站原有的信息平台，以山东地震信息服务系统为依托，汇集各测点的观测数据和监控信息，实现了地震观测数据的传输、处理和共享的网络化。目前，所有前兆项目均实现了数字化观测，提高了数据的精度和利用价值，为地震预报研究、地震应急提供了可靠的技术资料支持。

3.2 效益

观测数据的数量和质量决定着所揭示地震活动的深刻程度，是分析预报研究的基础资料。山东背景场项目强震项目建设的固定台站全部采用先进的数字强震仪，使山东省强震动观测技术发生质的变化，大幅度增强获取近场强震动数据的能力。当山东省发生 4 级以上地震时，可以获得多台强震动记录。同时，在监视区范围内发生 3 级以上地震时，也可获得多台近场加速度记录。强震观测资料可为地震学基础研究（如震源模式、震源参数、发展机理、地震波传播规律等），特别是近场强地面地震动和震源破裂过程细节的研究提供基础资料。利用建成的数字强震动台网，在中、强地震时可获得大量的强震数据，这些数据对当地的工程抗震设防、抗震鉴定、抗震加固、震害预测、区域地震动衰减规律研究及重大工程的地震安全性评价、地震区划等都有重要意义。因此，山东省背景场强震动台网的建成以及预期成果具有巨大的经济效益、社会效益和科学效益。山东地震背景场前兆项目建设改善了观测环境，丰富了观测手段，并采用了先进的高精度监测仪器，提高了数据的精度和利用价值。整个观测系统以山东地震信息服务系统为依托，汇集各测点的观测数据和监控信息，实现了地震观测数据的传输、处理和共享的网络化。为地震监测预报提供了更加准确、可靠的观测资料，对监测聊考断裂带的地震活动，乃至华北地区和首都圈的地震活动具有极其重要的意义，对推进我国地震科学的发展也有着深远的意义。

4 结束语

山东地震背景场项目的建成，标志着山东省地震科研水平又上了一个新的台阶，随着经济社会的发展，百姓生活水平的提高，全社会对地震安全的需求也越来越迫切，"十三五"期间，国家地震安全形势依然严峻，为更好的解决人民群众日益增长的地震安全需求，强化地震事业的社会服务功能，全面提升防震减灾能力，我们地震工作者还需更加努力地工作，开创地震服务事业的新局面。

Introduction of the results of the background field survey of the Shandong earthquake

ZHANG Qin　ZHANG Ling　DONG Xiao-Na　QU Li

(Earthquake Administration of Shandong Province，Jinan 250014，China)

Abstract: Profile Shandong background field seismic exploration projects before construction and achievements to complete projects to improve earthquake monitoring capability earthquake surveillance and protection zones and the surrounding area of strong ground motion in Shandong Province，a precursor to project completion set artificial observation，digitization observation，human interactive technology integrated observing system for earthquake prediction，earthquake emergency provides a continuous and reliable observational data.
Key words: Shan Dong；Seismic stations；Background field exploration program

涉县地磁基准台建设工程概述

李相平[1] 方　健[2] 张小涛[1] 赵长红[1] 江永健[1]

（1. 河北省地震局涉县地震台，涉县　056499；

2. 河北省地震局邯郸中心台，邯郸　056001）

摘要： 涉县地磁基准台建设从场地初步勘选到土地征用，从磁房建筑设计到具体建设施工，从设备安装到投入观测，历时4年多。本文对涉县地磁基准台建设项目进行了全面调研，总结工作中的经验、教训及工作体会，以供今后工作借鉴与参考。

关键词： 涉县台；背景场；地磁观测；建设

引言

涉县地磁基准台建设项目是由国家发改委批复（发改投资〔2008〕3674号）立项，中国地震局批准（中震函〔2011〕138号）实施的中国地震背景场探测工程项目的一个子项目，是背景场地磁台网建设的7个一类地磁基准台之一。

1　工程概况

1.1　涉县地震台概况

涉县地震台位于河北省邯郸涉县河南店镇河二村西，位于晋冀豫三省交界处，距涉县县城西约3km，地理位置36.545°N，113.641°E；海拔高度为500m，地磁台建成后占地约43亩。该台站地处涉县盆地南部边缘，离涉县断层（茨村—化肥厂—井店，走向NE50°~60°，倾向NE，倾角60°~70°）近3km。新生代时期，涉县盆地是在普遍抬升的过程中沿此断裂发生相对下降运动而形成的。台址西南不远处的山坡上，出露为中奥陶纪马家沟灰岩，产状中缓，地形构造较复杂，但无较大断层通过。从较大的区域地质构造情况看，地质构造相对复杂，正好处于太行山断裂的东侧。台站具体位置和及周边断裂分布如图1所示。

1.2　工程概况

该项目批准计划征地22.6亩，新建地磁绝对观测室、相对记录室，安装地磁观测仪器5台套。

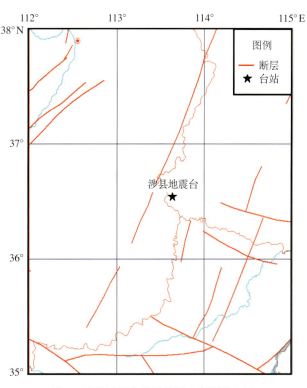

图1　涉县地震台位置及周边断裂分布图

211

具体见涉县地磁基准台新增仪器设备一览表（表1）。

表 1 涉县地磁基准台新增仪器设备一览

序　号	观测仪器	主要性能指标	单　位	数　量
1	磁通门磁力仪GM4–XL	分辨率0.01nT，采样率1次／s	套	2
2	Mag–01H磁通门经纬仪	度盘读数6″、分辨率0.1nT；人工观测	套	1
3	G856核旋仪	分辨率0.1nT；人工观测	套	1
4	OVERHUASER磁力仪	分辨率0.01nT；采样率1次／s	套	1

2 项目实施

2011 年 8 月省局（冀震函〔2011〕158 号）在委托中介机构完成土地预审后，涉县地磁基准台的征地、拆迁、建筑设计、磁房建设、设备安装等任务就由邯郸中心台具体负责实施。为保证项目顺利实施，邯郸中心台专门成立了项目实施机构，明确职责分工和工作目标要求，做到紧张有序、规范开展各项工作。

2.1　土地征用与拆迁

虽然地磁台建设用地申请征用的是丘陵山坡地，且已通过土地预审，但是，在我们具体履行征地手续时依然遇到很多麻烦。一是没有经验，对现行征地程序不甚了解；二是所占土地为基本农田，需要土地指标置换；三是征地手续繁杂，涉及部门较多，办事效率不高；四是征地费上涨较多，预算缺口较大；五是拆迁涉及地面附着物多，有 200 多颗核桃、柿子树等，120 多座坟墓（不包括基础开挖发现的 80 多座暗坟），一家临时加工厂。虽经我们积极努力，前期征地进展依然缓慢。最终，在上级主管领导和市县政府主要领导的鼎力相助和大力支持下，使涉县台征地拆迁顺利完成。项目征地拆迁过程中，中国地震局副局长阴朝民、邯郸市市长高宏志（现任市委书记）、监测司司长李克及河北局局长周清良、孙佩卿、涉县政府主要领导等，先后到涉县台进行现场考察指导，听取汇报。领导多次亲临该台，对项目推进起到了至关重要的作用。

图 2　中国地震局副局长阴朝民和邯郸市市长高宏志等
到涉县台解决征地事宜

图 3　中国地震局监测司司长李克等
到涉县台指导项目进展工作

2.2　地磁相对记录室和绝对观测室建设

根据地磁台建设环境要求及国家标准[1-2]，地磁相对记录室和绝对观测室建筑设计，实施组先后调研了陕西乾陵、榆林，广东肇庆，重庆，新疆且末，大连，红山等地磁基准台的建筑设计和建设经验，紧密结合涉县台实际，坚持取长补短，美观实用，确保质量，尽量突出自己特点的原则，充分听取各方面意见，研究制定了设计方案，最终由邢台市建筑设计研究院完成建筑设计。

地磁相对记录室为地下建筑，外表加防水处理，除底部外在周边加0.05m厚筏板保温和防护层、2.0m厚石子隔离层（为消除磁场边界效应），顶部均匀土埋深达4.5m。记录室入口为地下3层标准楼梯间加12m长地下走廊，入口地上建筑为2间四坡顶瓦房，包括楼梯间加1间极低频电磁探地观测记录室。相对记录室总建筑面积为128m²。

地磁绝对观测室同样为条石碳筋混凝土结构四坡顶瓦房，室内为架空实木复合地板（架空高度1.8m），6个汉白玉观测墩，墩基均从0.4m厚筏板基础生根，观测室建筑面积110m²。

磁房建筑材料均为精选的弱磁性灰岩条石、石子、白水泥、石英砂、碳纤维筋、橡木门、塑料窗等。每块条石尺寸都提前经过精确计算，生产厂家严格按比例分割。外墙立面石材雕刻竖条纹，提升了建筑物的外观效果。

磁房于2013年9月完成基础开挖并开始基建施工，2014年5月完成了2座磁房的基建及装修任务，磁场梯度达到要求，具备仪器安装条件（图4，图5）。

图4　涉县台绝对观测室和相对记录室全部完工后实景图

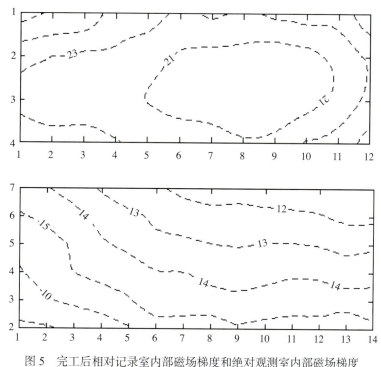

图5　完工后相对记录室内部磁场梯度和绝对观测室内部磁场梯度

测量时探头高度1.5m、测点间距1.0m

2.3 项目管理

2.3.1 施工队伍确定

施工图纸和方案确定后，省局发财处委托中介机构编写了工程预算（标底）和招标书，经公开招投标，最终涉县华厦建筑公司（乙方）中标。

2.3.2 质量控制

（1）所有建筑材料必须经甲方（地震台）监测合格后，方可采购。

（2）所有石子进场后必须经过磁选，再分装成50kg左右袋装，经逐袋监测合格后才能使用，因为石子在加工过程中不仅夹带有金属杂质，还有及少数磁性大的石子，必须筛选后才能使用，为此自制了石子磁选机，取得效果良好（图6）。

（3）石英砂、水泥均为50kg袋分装进场，石英砂逐袋检测，每袋磁性一般在0.0～0.3nT之间，大于0.5nT不能使用，水泥订购的是河南焦作生产的白水泥，检测后基本无磁性。

（4）混凝土筋使用ϕ6～14mm不同规格的碳纤维材料，采用铜丝和碳纤维丝加胶绑扎（图7）。

图6 涉县台自制磁选机筛选石子　　　　　图7 绝对观测室基墩筏板碳纤维筋捆绑

（5）按照进度，进行磁场梯度测试，合格后方可继续施工，否则，查找原因，返工重做，直至合格。

（6）所有五金材料、灯具、门窗，以及常用的施工工具都选用无磁或弱磁性材料单独定制。

（7）施工场地实行封闭式管理。

2.3.3 成本控制

（1）所有建筑材料订购合同，必须由业主（地震台）代表参加并签字认可（因项目实施组在之前已就磁房建材做了广泛的调研勘选）。

（2）每天收工后，由甲方指定代表和乙方负责人共同填写指定格式的施工日志，并双方签字认可。

（3）积极推荐当地施工队伍参加竞标，以节约人工成本，免除误工费用。

（4）同等情况下，尽量选用当地建材，以节约运输和二次搬运费用。

（5）甲方人员对材料进场数量、施工影像记录、质量监理等都有明确的责任分工。

（6）能提前约定的事项，提前谈判决定，并有文字记录。

2.4 仪器安装调试。

2014年5月4—5日，中国地震局地球物理研究所专家、北京欧华联科技有限公司厂家代表、河北省地震局前兆学科有关人员到涉县台安装架设了地磁相对记录室内的全部仪器，包括 GM4-XL 磁通门磁力仪 2 套（图 8），Overhauser 磁力仪 1 套，并现场对仪器的工作原理、软件使用、操作技能等问题进行了详细讲解和指导。同时专家对产出的数据做了初步分析，认为场地磁场梯度符合观测规范要求，产出数据质量较高。

2014 年 10 月 30 — 31 日，国家地磁台网中心安排技术人员到涉县台进行地磁绝对观测仪器安装。技术人员现场安装调试了磁通门 DI 仪，利用差分 GPS 方法精确测量了标志方位角（图 9）；之后对绝对观测基本原理、仪器操作要点和日常工作进行了指导和培训；通过现场测试认为磁房条件和仪器安装均达到规范要求，产出数据质量良好。

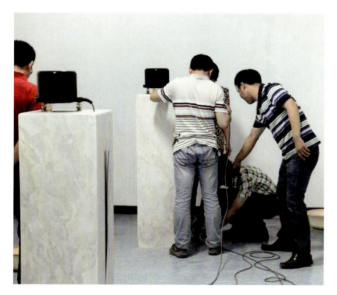 

图 8　安装 GM4-XL 磁通门磁力仪　　　　　　图 9　测量绝对观测主标志天文方位角

至此，涉县台地磁绝对仪器安装完成并将观测数据联网入库，标志着涉县地磁基准台作为新建地磁一类综合台全面开始观测。

3　工作体会

（1）场地清理与两座磁房的基础开挖，由于地质环境特殊，经验不足，增加了挖掘工程量。原以为将新征地范围内的全部地面堆积物、坟墓迁移挖掘清理后，在指定位置直接挖掘地磁相对记录室和绝对观测室基础即可。结果是基础开挖后测量磁场梯度总不合格，先后在挖掘深度 5m 以内，清理出 3 层坟墓，清理坟墓总数 200 多座。清理完坟墓后再向下挖仍不理想，而后又向相对好的方向滚动挖掘，仍找不到磁场梯度完全合格的场地。挖掘之前及挖掘期间国家地磁台网中心首席专家杨冬梅、周锦屏老师，以及省局和红山台的领导及专家多次到现场进行会商指导，最终通过适当扩大挖掘范围和挖掘深度，采用回填均匀土解决了磁场梯度不达标难题。涉县地磁台建设工程基础挖掘从 2013 年 4 月开始，历时近半年，包括新征地场地清理、磁房基础开挖和回填、院落规划等工程，总动土方量 26000 多立方米。

经过开挖与回填实践证明，场地磁场梯度不达标，除坟墓、地表堆积物影响外，所处丘陵地区形成的地层横向和纵向沉积都不均匀，是造成磁场梯度不合格的主要原因。如果一开始就在指定位置开挖，靠适当扩大开挖面积与开挖深度，再用均匀土回填夯实，尽量排除边界效应影响，即可获得合格的场地。

绝对观测室还可通过适当增加观测墩和架空地板设计高度，磁房外周边回填弱磁性石子，减少边界效应影响，提高场地精度。

（2）非标准建材的选购与使用要广泛调研，严格检测并帮助施工单位制定严谨的采购合同。如碳纤维筋的采购使用：①采购，首先在网上调研了多家生产厂商，并索要了技术参数和样品。初步选定目标后甲方派项目负责人、技术、监理人员和施工单位代表先后到5家生产厂家亲自调查谈判，最终选定山东一家公司生产、同等参数标准的碳纤维筋，节约成本十几万元。②参数监测，根据合同约定，货到后甲方又对碳纤维筋拉力委托邯郸建筑材料质监中心进行抽查监测，达到要求后再付款。理论上碳纤维筋拉力是钢筋的8倍以上，在检测已达到拉力5倍以上时，因特制的工具限制，没有再次检℃测。③采购数量计算与规格测算。如此贵重材料在社会上极少有人当建材使用，若有差错都将造成较大损失。我们对设计图中的5种直径规格的碳纤维筋使用数量进行详细测算，按照每种规格的分别使用总长度签订订货量。④发货之前，直径8mm以上的碳纤维筋，要求先按照甲方提供的不同规格长度标准裁截好，再运输。因碳纤维筋无法焊接、折弯，搭接使用既浪费材料，也影响质量（碳纤维筋与混凝土握紧度不如钢筋），其中，最长筋达14m，用加长车从厂家运至涉县。

（3）委托中介机构制作的预算不准，标底限额太低，造成中标队伍履行合同困难，也为工程决算带来许多麻烦。因磁房建设材料及施工工艺的特殊限制，没有标准可循，若中介机构调研不充分，就不可能做出准确预算，以致造成拦标价过低，与涉县台当时的测算价格相差80%多。虽然队伍中标，但合同无法履行，又经过多次协商谈判，另签补充协议后，才进场开工。尽管在施工管理方面我们采取了很多措施，如设计了规定格式的施工日记、所有进料合同需有甲方签字，以及监理、影像记录等，期望给能为今后工程决算留下依据，但在最后工程决算时，依然遇到很多麻烦。

（4）选择良好的施工队伍是确保工程质量和施工进度的关键。在施工队伍初选时，就委托涉县台在当地进行了广泛调研，积极鼓励本地有资质的队伍参加竞标。结果涉县华夏建筑公司中标后，在施工过程中，从材料选择到施工工艺基本都能尊重我们意见。同时，也节约了人工成本，免除误工费用，避免了因施工影响与当地关系的协调处理，密切了地震台与当地村民的关系。

（5）领导与各级政府部门支持是推动工作的最大动力，专家指导、学习借鉴兄弟台站经验，是提高工程质量、减少失误的最有效捷径。

参考文献

[1] 中国地震局．2004．地震台站建设规范：地磁台站 (DB/T 9—2004)．北京：地震出版社．
[2] 中国地震局．2004．地震台站观测环境技术要求 第2部分：电磁观测 (GB/T 19531.2—2004)．北京：地震出版社．

Introduction of Construction Project in Shexian Geomagnetic Station

LI Xiangping[1]　FANG Jian[2]　ZHANG Xiaotao[1]　ZHAO Changhong[1]　JIANG Yongjian[1]

(1. Shexian Seismic station of Hebei Earthquake Agency 056449, China;

2. Handan Center Seismic station of Hebei Earthquake Agency 056001, China)

Abstract: shexian geomagnetic station constructed from the preliminary stage to the land requisition, from magnetic housing architectural design to the concrete construction, from equipment installation to input observation, lasted more than four years. In this paper, the benchmark shexian geomagnetic station construction project conducted a comprehensive investigation, summarizes the experiences and lessons of the work and work experience, to provide reference for the future work with reference.

Key words: shexian station; background field; magnetic observation; construction

"越俎代庖" 技工管档案
——浅谈辽宁地震背景场探测项目档案管理经验

高业欣

（辽宁省地震局，沈阳　110031）

　　辽宁地震背景场探测项目是中国地震背景场探测项目的重要组成部分，共涉及 11 个台站建设。项目自 2011 年正式启动实施，截至 2014 年底完成所有建设内容，2015 年完成项目验收工作。统观辽宁地震背景场探测项目组织实施全过程，该项目表现出历时久、涉及广的特点。

　　（1）时间长：辽宁地震背景场探测项目 2009 年初期勘选至 2015 年 6 月组织验收历时近 7 年，项目由于时间较长，期间有很多领导及工作人员的人事调动，给项目的整体实施带来了一些影响。

　　（2）涉及广：项目建设阶段由辽宁地震仪器设备维修中心、各市地震局共同承担。在项目立项、管理、实施及设备采购等各个环节与局监测预报处、发展与财务处、监理质保组、监察审计处密切联系。在项目运行验收阶段与监测中心、分析预报中心各尽其职。项目所涉及的部门较多，各部门之间密切联系却又各司其职，互不影响。鉴于该项目的特点以及该项目自身的重要性，清晰全面的档案管理工作显得尤为重要。一方面，面对领导及技术人员的更替，科学规范的档案管理工作可以为新进技术人员提供支持性证据，方便工作人员查阅，避免人员交替出现的断层现象。另一方面，系统的档案管理工作制度可以统筹整个项目实施过程，既可以做好全局把握，也可以做到兼顾细节，对于辽宁地震背景场探测项目，涉及部门多，这点更为重要，避免遗漏非主要执行部门的重要信息。

　　在辽宁地震背景场探测项目档案管理工作中，我们不断更新档案管理观念，勇敢探索和尝试新的档案管理手段，收获了一些经验，其中最突出的改革就是让工作在一线的技术人员参与到档案管理工作中，将掌握的第一手资料可以完整地反映在档案里，丰富了档案内容，同时也为忙碌的技术人员提供了相似台站的不同记录。这一创新在后期报告编写及档案验收过程中充分体现出优越性。现将该项目的档案管理举措及所收获的档案管理经验简单整理，供大家共同提高。

1 "丑话在前"明职责

　　综合分析辽宁地震背景场探测项目参与部门及参与人员专业背景，在项目组成立时就成立项目档案管理小组，对所有项目参与人员进行档案管理培训，认真学习档案管理知识，提高档案管理水平。不仅熟悉档案业务工作的各个环节、步骤，而且掌握各门类档案、各种载体档案的管理方法。按照"全员参与、集中管理、全面统筹"的原则，做到人人都是记录员，从大局出发，全面管理。在实际工作中能够做到实时记录及工作档案留存，为今后工作中可能出现的人员变更留下依据。

2　"革故立新"见成效

辽宁地震背景场探测项目档案管理工作最为突出的举措就是将技术人员档案化，因为技术人员工作在一线，是整个项目的具体执行者，掌握着一线的重要资料，这些资料在科技档案中尤为重要。项目档案管理小组根据这一特点，直接将负责具体执行任务的技术人员编进档案小组，使得技术人员是台站建设、仪器安装调试的具体执行者，也是直接的档案记录者，此举一方面丰富了项目档案，供有需求者查看，另一方面是对技术人员的工作总结与记录，方便技术人员发现自身不足与查找原因。

3　"分道扬镳"司其职

项目档案管理组除了上述建立的技术人员档案组以外，还根据项目执行不同阶段的时间及职能特点分化出多个档案管理小组，各小组分工明确，责任到人，各司其职，相辅相成。

文件管理组：专门负责项目相关文件的传达、落实与收集工作。

财务管理组：专门负责与财务相关的各类合同材料的存档整理、固定资产的录入等。

现场管理组：专门负责在项目具体实施过程中产生的档案材料的存档工作。如现场照片，建筑材料质量文件，仪器到货验收等。

产出管理组：专门负责在项目中产生的设计方案、安装报告、运行报告、仪器产出报告等资料的整理工作。

4　"墨守成规"补短长

纸质文件可以永久保存但是占用空间，而电子文件可以节约空间，快速检索，输入之后直接生成可以省去很多步骤。但是也存在一些弊端，如设备电脑安全性不高时，容易造成数据丢失。结合纸质文件和电子文件的优缺点，力求在项目执行过程中"墨守成规"，严格执行纸质、电子文件双备份的要求，做到重要资料双保险。

5　同心协力效率高

前期档案管理工作虽然由分化的多个小组组成，但由项目档案组统一领导，小组成员由档案管理人员和档案化技术人员共同组成，既保证了档案合理化，又节省了人员配置。在后期项目验收阶段，各小组同心协力，共同编写，所需的各资料能够简单明了到责任小组，由于技术人员的参与，使得验收工作中所需的技术性报告编写有序，顺利开展。

科技档案管理工作机制随着各项目的开展已经日渐完善，各相关部门已经做得非常细致到位，但目前多数档案管理工作仅局限于专门从事档案工作人员来整理归档，在辽宁地震背景探测项目中我们对于技术人员管理档案的尝试初见成效，这并不仅仅是对项目档案的丰富，也是对技术人员素质的锻炼。一方面使技术人员明确了工作中的重点所在，另一方面有助于技术人员良好工作习惯的培养，能够培养他们记录整理、归纳总结的好习惯。两者互利，共同提高丰富。以上是我们档案管理工作中的小小经验，供大家参考，希望能给科技档案管理工作带来更多便利。

中国地震局第二监测中心地震背景场探测项目
科技成果及管理经验

中国地震局第二监测中心

（中国地震局第二监测中心，西安　710054）

中国地震局第二监测中心地震背景场探测项目（以下简称项目）所建形变台网和重力台网2个专业子项，是中国地震背景场探测项目的重要组成部分。项目在建设过程中，二测中心始终以项目功能为主线、以质量为目标，克服技术难点，顺利完成项目建设任务，取得了一定的社会效益。

1　项目科技成果

1.1　重力台网成果

重力台网主要成果是根据国家重力场动态变化的需要，以"中国数字地震观测网络"重力网为基础，针对现有测网网形控制区域不足和已有测点已受破坏、不易实施观测的问题，结合目前各级流动重力网优化的需要，依据《重力测量规范》，在中国西北部和中东部地区勘建流动重力观测点80个，并完成151个测点的初值测定。实现对国家重力场背景值及其变化的整体观测，提供中国大陆重力场、潮汐参

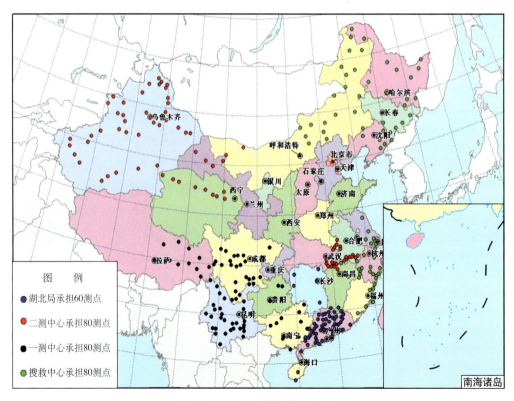

图1　流动重力观测系统站址图

数及其变化，满足重力观测在强地震大尺度、中长期前兆监测需求，同时有效地服务于国家基础测绘、军事测绘和地球科学研究。

1.2　形变台网成果

形变台网主要成果是依据 JJF 1118 — 2004《全球定位系统（GPS 接收机）校准规范》和 JJG 703 — 2003《光电测距仪检定规程》，在西安附近建设光电测距标准基线场地和 GPS 中长基线场地各 1 个，购买设备 37 台（套），并完成 2 个场地的初值测定。实现对 GPS 接收机、全站仪测距的各项性能进行科学地校准与检定，以溯源到国家基准，满足地壳运动不定期复测和应急观测的需要，同时兼顾为军用测绘、大地测量和国民经济建设服务（图 2，图 3）。

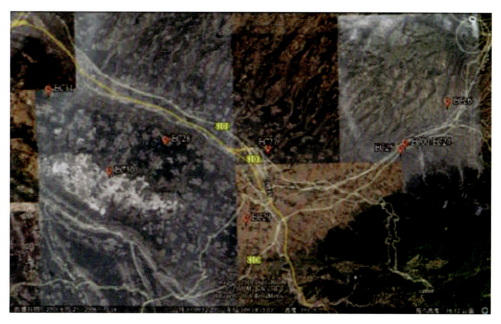

图 2　GPS 中长基线场地站址位置图

图 3　光电测距标准基线场地站址位置图

2 关键技术及解决方案

（1）场地的选址是最难的。形变台网和重力台网在建站过程中场地的选址至关重要，站址选择的好坏，直接关系到台网观测系统的使用效能。尤其是近几年，随着经济建设的加速及扩展，目前在城市附近，交通便利的地方站址是最难选的，既要考虑场地的环境条件、地质条件、交通条件，又要考虑观测墩的保存时限等要求。

（2）观测墩的稳定性极为关键。观测墩的稳定性决定了台网观测系统数据的连续性和可靠性，尤其是形变台网基线场地每条边长作为以后标准值使用，基线边长标准值的准确性取决于每个观测墩的稳定性，而观测墩的稳定性取决于地质结构的稳定性和观测墩土建工程的质量。因此，每个观测墩的稳定性极为关键，这对场地勘选人员、工程施工人员提出了更高的要求。

针对上述两个问题的关键点，为保证形变台网和重力台网建设的整体质量，二测中心严格按照相关技术规程进行勘建。堪选小组分别由测绘人员、重力测量人员和地质方面的专家组成，携带必须的仪器设备及工具，多次深入堪选现场进行反复踏勘，确定最佳站址位置，并对点位观测效能进行评估，确保每一个观测点位必须符合技术设计要求。除此之外，在项目建设过程中，二测中心还根据以往相关建站方面的经验，召开建站施工现场会，对建站过程中混凝土的配比、墩体浇筑、养护、标志安装等进行细节上严格的技术培训，以保证每个观测墩的建设质量（图4，图5）。

图4　流动重力观测系统建设施工场景

图 5　流动形变观测系统建设施工场景

3　项目管理经验

工程质量、进度和资金有效运用与安全管理始终是工程建设中的重大问题。为保证工程的顺利实施，二测中心在认真执行中国地震局有关规章制度、管理办法、实施细则的基础上，结合工程特点及单位实际制定了一系列相关的管理办法及规定，建立了项目单位工程的组织管理机构和质量保证体系，成立了项目建设领导小组和项目管理办公室。另外，在项目整个实施过程中采取了如下措施。

（1）建站前组织承担选建任务的管理及作业人员参加施工的前期培训，同时实地进行示范工程建设，将各作业组技术人员集中在示范工程现场，聘用专业土建工程技术人员，按照设计方案采用先进的施工工艺组织施工培训，使施工人员在出测前全面掌握土建工程各个环节的施工特点、技术要领和技能，这对保质保量顺利完成选建任务是十分有效的。

（2）在建设过程中，作业小组按照统一管理、分岗负责的原则，进行岗位配置和职责分工，各负其责，相互配合，确保建设工作的顺利进行。

（3）工程建设采取旁站监理的形式，对在建点进行详细检查并做检查记录，对过程中发现的问题及时向施工小组提出整改意见，全程进行质量跟踪。从而使工程施工和质量始终处于监督、检查状态。

（4）加强建站工作的现场检查和指导。单位及部门各级领导和质检技术人员，深入到各作业组指导和检查工作，及时纠正在作业过程中存在的问题。

（5）对建设成果资料坚持"两级检查、一级验收"制度。各级检查技术人员认真履行岗位职责，工作中严格按照规范处理问题，在检查过程中做到层层把关、处处设防，凡不符合规范要求的站点坚决推倒重建。

总之，从整个项目建设的全过程来看，由于二测中心质量管理体系较为完善，对整个工程建设的各个环节做到严密的质量控制、进度控制、预算控制、招标采购、监理质检及跟踪审计，较好地保证了二测中心背景场探测项目建设任务的圆满完成。

内蒙古地震背景场探测项目建设介绍

吴向东　赵　海　查　斯

（内蒙古自治区地震局，呼和浩特　010010）

摘要： 内蒙古地震背景场探测项目（简称背景场项目）作为中国地震背景场探测项目的一部分，是内蒙古自治区防震减灾"十一五"重点项目的重要组成部分，本文从项目投资、建设内容与功能、技术系统建设、成果效益及项目建设管理等几方面进行了详细介绍。

关键词： 内蒙古；背景场；重点项目；防震减灾；"十一五"

引言

"中国数字地震观测网络"项目建成运行后，中国地震观测系统得到了迅速发展，观测手段实现了数字化和网络化，项目的建成标志着我国地震观测已进入数字时代。为进一步优化观测台网布局，构建布局更为合理、初步形成地震背景场探测能力的数字化地震监测台网，建设开放的国家地震预测新技术、新方法实验研究技术平台，中国地震局实施了中国地震背景场探测项目，内蒙古地震背景场探测项目建设任务是该项目的一个子项目，也是内蒙古自治区地震局"十一五"期间重点项目。

1　项目概况

1.1　项目建设任务及目标

内蒙古地震背景场探测项目主要建设内容包括测震台网、地磁台网、形变台网、地电台网、地下流体台网5个专业子项，共建设22个地震台站，其中测震台站13个，前兆台站9个（图1）。项目建设工期7年，2009—2015年，投资1289.70万元。主要目标是在"内蒙古数字地震观测网络"项目建设的基础上，进一步优化台网布局，提升内蒙古自治区地震监测能力，补充自治区西部和中部地区的监测空区。同时，通过项目建设解决自治区经济社会高速发展与防震减灾保障能力不足之间的矛盾。

1.2　项目工作团队和技术方案

项目任务下达后，为确保项目如期保质保量完成，抽调单位骨干力量，组成项目建设团队。项目具体由内蒙古自治区地震局组织，下设项目办公室和实施组，项目办公室负责总体管理，实施组负责具体实施。项目实施组与相关盟（市）地震局、地震台密切配合，共同完成项目实施的各项工作。有关盟（市）地震局、地震台配合项目实施组完成征地（或租地）、观测室、外场地建设等相关工作。项目实施组完成项目台址勘选、征地预审、施工方案编写、工程招投标、设备安装调试和验收材料编写等工作。

项目建设中采取的技术方案主要是依托已建成的数字地震骨干网，测震台网观测仪器采用先进的宽频带地震计和高速数据采集器，前兆台网采用国内外先进的观测仪器，抗干扰强、稳定性好。先进的观测仪器和技术保障确保了项目的顺利实施。

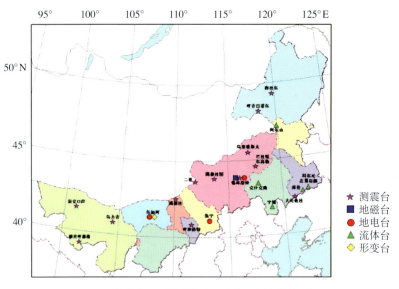

图 1 内蒙古地震背景场探测项目台站分布图

2 项目管理

2.1 组织管理和制度建设

本项目的实施在组织机构上得以全面保障，项目开始时成立了项目管理机构并由专人负责，管理机构负责对整个项目进行管理、招标、监理、验收；同时加强与相关盟（市）地震局和地震台站的联系。项目整个实施过程中严格执行项目批复方案和建设过程中的实际情况，高质量的完成各项任务。

一套健全的管理制度是完成项目建设的前提。由于本项目是一个复杂的系统工程，涉及多学科和多专业，项目建设投资大、内容多，且建设工期长，工程建设过程需要投入大量的人力和物力，工程质量、进度和资金有效运用与安全管理始终是工程建设中的重大问题。为保证项目的顺利实施，内蒙古自治区地震局根据项目制定了一系列规章制度，如《内蒙古地震背景场探测项目管理办法》《内蒙古地震背景场探测项目审计监督办法》和《内蒙古自治区地震局招投标管理办法》等。

2.2 质量、进度及预算控制

质量、进度和预算是项目建设管理三大目标。一个成功的项目，必须在保证质量和进度的同时，控制好预算。背景场项目开始时，为确保质量、进度和预算三大目标的控制，做了大量工作。首先，在质量目标方面，内蒙古地震局成立了项目监督质保组，对项目完成质量进行监督，发现问题及时指出、纠正；聘请专业工程监理公司承担项目的监理工作，监理公司针对项目监理制定了《内蒙古地震背景场探测项目监理实施细则》和具体方法与措施，及时将项目建设中的质量情况反馈到项目管理组。其次，在进度目标方面，项目基层实施单位定期向项目组汇报项目实施进度，项目组不定期检查各单位实施进度，督促项目按时、保质、保量完成；与仪器供货厂家沟通，督促其按时交货，货到后及时进行仪器设备的安装、调试，发现问题及时反映。最后，在预算目标方面，项目实施严格按照设计内容和批复预算执行，为做好预算控制工作，将每个单位工程按内容分解为若干个单项工程，并明确单项工程预算，经费支付严格按工程完成情况执行，达到了较好效果，需要调整变更的项目及时核实，确因不可抗力因素需调整变更的，经项目实施组讨论决定后向项目法人单位申请变更。

3 项目建设过程

内蒙古地震背景场探测项目建设过程主要包括前期勘选和设计、中期土建工程以及后期设备安装调试和试运行工作。勘选工作从 2009 年开始，因本项目建设场地分散，分布在自治区大多数地区，少数场地处在人烟稀少、交通不便的沙漠地带，环境恶劣。为不影响项目进度，勘选工作主要采取图面作业、实地环境勘察和台基测试方式，实现对拟建台址观测环境条件、地理地貌、地质构造和台基条件进行确定。地磁台站的建设作为单个台站投资最多的项目，因此对建设过程必须严格管理。按照建台规范要求，还对建设场地进行了地灾评估、压矿勘查、地层探测、建材测试。同时对拟选台址进行场地水平地磁梯度测量、十字刨面测量、环境噪声测试，并对测试数据进行了计算及分析处理（图 2 ～图 6）。

图 2　锡林浩特地磁台建设过程

图 3　建成的锡林浩特地磁台　　　　　图 4　建成的克什克腾旗流体观测井房

图 5　建成的巴拉嘎尔高勒测震台　　　　图 6　建成的额肯呼都格测震台

2011 年 2 月，内蒙古自治区地震局委托中国电子工程设计院编制了台站初步设计，包括测震台网、地磁台网、形变台网、地电台网、流体台网四类台网 22 个台站的初步设计。按照设计方案的要求和进度安排，项目实施组根据《地震台站观测环境技术要求》和《地震台站建设规范》相关要求及工程指标完成了全部土建工程，并于 2013 年 11 月前完成全部设备的安装和调试工作。从 2015 年 1 月开始，内蒙古地震背景场仪器进入试运行状态，试运行期为 3 个月。从试运行期间仪器设备的运行情况看，运行情况良好，测震台波形记录清晰，前兆台站数据产出连续完整，数据真实可靠，设备运转正常。试运行期间，测震台网平均运行率为 98.87%，前兆台网平均运行率为 99.375%，符合设计要求。

4 项目建设成果及效益

4.1 项目建设成果

本项目完成投资 1289.70 万元，项目建成地震观测台站 22 个，主要仪器设备 80 台（套），建筑面积 635.46m²。具体为：

（1）测震台网：新建乌力吉国家台、策克口岸国家台、二连浩特国家台、大沁他拉区域台、巴拉嘎尔高勒区域台、额肯呼都格区域台、满都拉区域台、满都拉图区域台、乌里雅斯太区域台、呼吉日诺尔区域台；改造呼和浩特国家台、海拉尔国家台、锡林浩特国家台。

（2）地磁台网：新建锡林浩特基准地磁台。

（3）形变台网：改造乌加河形变台。

（4）地电台网：新建集宁、锡林浩特地电阻率，改造乌加河地电阻率、地电场台。

（5）地下流体台网：新建克什克腾、宁城台水温和水位；科左后旗、库伦水温；改造阿尔山测氡。

4.2 项目建成效益

内蒙古地震背景场探测项目的实施，对于内蒙古地区地震监测水平的提高具有非常重要的意义，项目的成功实施保障了自治区经济发展的安全。首先该项目是继"十五"数字地震网络项目之后又一重大工程，填补了自治区西部和中东部地区的地震监测空区，如阿拉善盟地区与锡林郭勒盟地区，项目的建成对于监测这些地区的地震活动具有重要的意义；其次是优化了内蒙古自治区地震台网的布局，内蒙古自治区地震前兆观测台站偏少，而且由于受城市建设影响部分台站不能产出合格的观测数据，通过本项目的实施有效地解决了这些问题；最后就是通过项目的实施更新了一些台站的老旧设备，提高了数据质量与观测水平，提升了台站观测效能和产品产出能力。

5 项目建设经验及体会

5.1 项目建设难点

内蒙古地震背景场项目从 2009 年勘选以来，历时 7 年，于 2015 年通过中国地震局验收，项目建设过程中遇到不少难点。首先是项目建设任务分布散，内蒙古地震背景场项目建设任务从东边的呼伦贝尔到西部的阿拉善盟分布在自治区 9 个盟（市）内，阿拉善盟境内部分建设场址，地处沙漠边缘，交通不便，东部呼伦贝尔地区建设工期短，这些都为工程按期竣工增加了困难。其次是项目经费紧张，在项目招标过程中，因经费少，测震台网建设台站分布广，造成流标情况出现。第三是仪器安装和维护困难，因站点远离市区主要干道，在运维方面增加了时间和成本，仪器出现故障无法第一时间得到维护。

5.2　项目建设技术创新

内蒙古地震背景场项目建设的台站，建设场地绝大多数分布在荒漠偏远区域和气候条件恶劣，交通、通信不便地区，在项目实施过程中，为保证项目按期完成，在建设测震观测室时结合建设场地区域环境、气候条件和完整基岩分布特点，以及建设测震台站处于开阔、荒漠和极端气候区以及完整基岩埋深等，观测室和摆房建筑采用地下室结构，有效解决宽带地震计保温、防盗和降低地面（风）干扰。通过实践创新方式显著提高了台站观测效能。另外，对台址处于旅游、生态保护区的台站，设计时与当地规划部门沟通，建筑风格和结构力求与周边景观协调，台站建筑成为当地一景。

5.3　项目建设体会

内蒙古地震背景场探测项目从立项、建设至试运行、考核运行，整个建设过程圆满顺利完成。项目建设由局项目组、监测预报中心和盟（市）地震局、地震台共同承担，在各部门和建设单位的配合下按期完成了所有项目任务。同时内蒙古自治区地震局相关处室从项目立项、管理、实施及设备采购等各个环节严格把关，确保项目如期保质保量完成。

在项目建设过程中，项目实施组始终坚持"科学严谨、团结求实"的精神，团队成员心往一处想，劲往一处使，努力完成台网的各项建设任务；项目实施中充分发挥技术骨干的作用，立足专业培训，以能者为师，互帮互带，努力提高整体队伍的理论水平和综合业务能力。通过项目实施组所有人员的共同能力，出色地完成了台网的建设任务。

内蒙古地震背景场探测项目虽然已经顺利完成，但是由于内蒙古地域较广，所建台站都比较偏远，因此，正式运行时需要增加备用设备，以保证系统运行的稳定、可靠。

参考文献

[1] 刘瑞丰，高景春，陈运泰，等．2008．中国数字地震台网的建设与发展．地震学报，30（5）：533～539．

[2] 李霞．2012．国家地震安全计划重点建设项目——中国地震背景场探测项目展示．科技成果管理与研究，36（8）：84～86．

[3] 李惠智，李鸿庭．2010．宁夏数字地震台网观测技术系统．地震地磁观测与研究，31（1）：101～106．

[4] 危小荣，周大为，谭俊义，等．2010．江西省数字地震观测台网运行与维护．地震地磁观测与研究，31．

[5] 温岩，张晨侠，温洪涛，等．2008．吉林数字观测网络信息分项目建设．防灾减灾学报，4：64～69．

[6] 刘作华，陈传华，朱飞．嘉祥地震台山洞改造实践既背景场项目的实施．中国科技博览，17：129．

[7] 甘肃省地震局．2007．甘肃省数字地震观测网络建设介绍．发展，4：111．

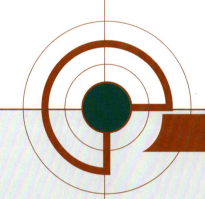

第六篇

项目大事记

一、项目前期工作

2008 年 12 月 31 日，中国地震背景场探测项目（以下简称背景场项目）获国家发展改革委立项批复，批复文件为《国家发展改革委关于中国地震背景场探测项目建议书的批复》（发改投资〔2008〕3674 号）。

2009 年 2 月，中国地震局印发《关于召开中国地震背景场探测项目启动视频会议的通知》（中震函〔2009〕32 号），组织召开背景场项目启动会。

2009 年 4 月，中国地震局印发《关于中国地震背景场探测项目总工程师办公室组成的批复》（中震函〔2009〕85 号），确认背景场项目总工办成员组成。

2009 年 4 月，项目法人单位中国地震台网中心（以下简称台网中心）完成了背景场项目各分项台站勘选工作方案，并报请中国地震局审批。

4 月 14 日，台网中心印发《关于印发中国地震背景场探测项目台站勘选工作方案的通知》（震台网函〔2009〕46 号），要求各建设单位根据台站勘选工作方案与技术指南开展工作。

4 月下旬，台网中心分别在南京、北京等地组织各建设单位开展测震、流体台站等勘选技术培训。

2009 年 5 月 5 日，台网中心报送《关于中国地震背景场探测项目可研报告咨询机构选用情况的函》（震台网函〔2009〕55 号），对背景场项目可研报告资讯机构的选用提出建议。13 日，中国地震局印发《关于中国地震背景场探测项目可研报告咨询机构选用情况的批复》（中震函〔2009〕129 号），同意选择中国电子工程设计院作为背景场项目可研报告咨询机构。

2009 年 8 月 18 日，台网中心完成背景场项目可研报告编制工作，并报送《关于中国地震背景场探测项目可行性研究报告的请示》（震台网发〔2009〕15 号）至中国地震局。8 月 20 日，中国地震局发展与财务司（以下简称局发财司）印发《中国地震背景场探测项目可行性研究报告评审意见》（中震财函〔2009〕113 号），确认背景场项目可研报告基本符合要求，台网中心根据专家意见进一步修改完善背景场项目可研报告后。9 月，中国地震局正式向发改委报送背景场项目可行性研究报告（中震函〔2009〕261 号）。10 月 23 日，发改委评审中心召开背景场项目可行性研究报告评审会，项目可研报告通过评审。

2009 年 9 月 11 日，台网中心印发《中国地震背景场探测项目管理办法》。

2009 年 10 月 14 日，台网中心将背景场项目环境影响报告表报送国家环境保护部，环保部受理了该项申请。10 月 28 日，环评中心组织专家组在北京对背景场项目环评报告进行评审，环评报告通过评审。

2009 年 11 月 13 日，中国地震局下发紧急通知《关于开展中国地震背景场探测项目建设用地预审工作的通知》，要求各建设单位于 12 月 5 日前将初审意见报送台网中心。

2009 年 12 月 31 日，环境保护部印发《关于中国地震背景场探测项目环境影响报告表的批复》。

2010 年 1 月，台网中心印发《关于中国地震背景场探测项目环境影响报告表与批复的通知》（震台网函〔2010〕4 号）至各建设单位，背景场项目完成环评工作。

2010 年 1 月，台网中心印发《中国地震背景场探测项目财务管理办法》《中国地震背景场探测项目审计管理办法》等项目管理规章制度。

2010 年 1 月 22 日，国土资源部印发《关于抓紧做好中国地震背景场探测项目建设用地预审工作的函》（国土资规函〔2010〕2 号），敦促各省国土资源部门加快背景场项目土地预审工作。

2010 年 2 月 20 日，台网中心印发《关于转发国土资源部〈关于抓紧做好中国地震背景场探测项目建设用地预审工作的函〉的通知》（震台网函〔2010〕20 号），要求各建设单位主动接洽当地国土资源部门，推进背景场项目土地预审工作。

2010 年 4 月 27 日，台网中心组织各建设单位人员在北京召开背景场项目初步设计编制培训班。培训中明确了各建设单位的工作内容、任务和进度要求。中国电子工程设计院工程师就初步设计编制的相关技术资料要求进行了示例讲解。会议对各单位提出的相关问题进行了答疑，给出了具体解决方案和指导意见。

2010 年 5 月 28 日，台网中心整理各建设单位建设用地初审意见后，报国土资源部备案，背景场项目土地预审工作全部完成。

2010 年 7 月 15 日，发改委印发《国家发展改革委关于中国地震背景场探测项目可行性研究报告的批复》（发改投资〔2010〕1526 号），背景场项目可研工作顺利结束，项目进入初步设计阶段。

2010 年 8 月 4 日，台网中心完成背景场项目初步设计总论编制工作，23 日完成各台站初步设计编制工作，报中国地震局。

2010 年 9 月 27 日，发改委评审中心组织专家对背景场项目初步设计进行评审，原则通过评审。

2010 年 10 月 14 日，台网中心完成了初步设计补充材料编制工作，并报送发改委。

2010 年 12 月 10 日，背景场项目初步设计获得国家发改委批复。

二、项目实施阶段

2011 年 3 月 22 日，台网中心完成背景场项目 2011 年度预算编制工作，并上报中国地震局《关于上报 2011 年中国地震背景场探测项目投资安排及相关情况的函》（震台网函〔2011〕28 号）。

2011 年 5 月 10 日，中国地震局印发《关于下达中国地震局 2011 年其他建设项目中央预算内投资计划的通知》（中震函〔2011〕228 号），批复了项目 2011 年投资计划。

2011 年 4 月 8 日，台网中心完成项目初步设计及投资概算的分解工作，印发《关于报送中国地震背景场探测项目建设单位初步设计和投资概算批复的函》（震台网函〔2011〕34 号）至中国地震局，并提请批复。

2011 年 4 月 29 日，中国地震局下发了背景场项目各建设单位初步设计和投资概算的批复。

2011 年 4 月 15 日，台网中心组织有关专家，对测震台网、强震动台网拟采购的进口设备进行了论证。4 月 18 日，对重力台网、形变台网、地磁台网的进口设备进行了论证。背景场项目进口设备采购工作开始。

2011 年 5 月 5 日，台网中心印发《关于背景场项目批复及实施若干情况的说明函》（震台网函〔2011〕48 号），要求各建设单位根据本单位背景场项目初步设计的批复，完成项目施工设计的编制工作。

2011 年 5 月 27 日，台网中心完成进口设备采购目录的编制工作，并报送中国地震局发财司（《关于中国地震背景场探测项目进口设备采购工作有关事宜的函》（震台网函〔2011〕58 号）），提出采购申请。

2011 年 5 月 31 日，因台网中心领导班子换届调整，中国地震局下发《关于变更中国地震背景场探测项目责任人的通知》（中震函〔2011〕246 号），明确潘怀文为背景场项目责任人。

2011 年 5 月 31 日，台网中心完成背景场项目全部设备采购目录的编制工作，分别报送中国地震局有关业务司《关于报送中国地震背景场探测项目强震动台网设备采购目录的函》（震台网函〔2011〕63 号）、《关于报送中国地震背景场探测项目测震台网　前兆台网设备采购目录的函》（震台网函〔2011〕64 号）。

2011 年 6 月 20 日，台网中心组织编制的"中国地震背景场探测项目强震动台网设备采购目录"获得中国地震局震害防御司（以下简称局震防司）批复。

2011 年 6 月 29 日，台网中心编制了背景场项目 2012 年度投资计划，并报局发财司。

2011 年 6 月 30 日，台网中心组织编制的"中国地震背景场探测项目测震及前兆台网设备采购目录"通过了中国地震局监测预报司（以下简称局监测司）组织的评审（《关于印发中国地震背景场探测项目测震及前兆台网设备采购目录评审意见的通知》（中震测函〔2011〕106 号））。

2011 年 7 月 7 日，局发财司批复了背景场项目进口设备采购采购目录《关于中国地震台网中心采购进口设备的复函》（中震财函〔2011〕77 号）。

2011 年 7 月 11 日，台网中心完成了背景场项目设备采购目录修订工作，并报局监测司备案（《关于报送中国地震背景场探测项目测震及前兆设备采购目录（修改稿）的函》（震台网函〔2011〕88 号））。

2011 年 7 月 26 日，台网中心印发背景场项目设备采购目录《关于印发〈中国地震背景场探测项目设备采购目录〉的函》（震台网函〔2011〕90 号）。

2011 年 7 月 26 日，背景场项目实施信息系统上线。台网中心印发《关于开展中国地震背景场探测项目进度月报工作的通知》（震台网函〔2011〕98 号），要求各单位在线报送本单位实施月报。

2011 年 8 月 22 日，项目管理部邀请招标代理公司、台网中心项目监理公司研究确定设备采购工作计划进度。

2011 年 9 月 6 日，背景场项目测震台网、强震动台网设备采购招标公告在中国政府采购网公示。

2011 年 9 月 14 日，台网中心印发《关于中国地震背景场探测项目前期工作与场址勘察资金归垫有关事项的通知》（震台网函〔2011〕124 号），规范了背景场项目前期工作及场址勘察资金归垫范围、额度、归垫材料及流程。

2011 年 9 月 19 日，局发财司组织召开背景场项目实施阶段工作会，听取背景场项目情况汇报。会议重申了项目变更的严肃性，并要求项目主管部门和项目法人加紧督促各建设单位全力推进土地征租地和台站基建工作，加快项目执行进度。

2011 年 9 月 23 — 24 日，台网中心组织有关专家对背景场项目前兆设备采购标书进行审核。

2011 年 9 月 26 日起，参加背景场项目测震台网、强震动台网设备采购工作的公司，陆续将测试设备送到台网中心。

2011 年 9 月 28 日，背景场项目前兆台网（重力、形变、地磁、地电、流体）设备采购招标公告在中国政府采购网公示。

2011 年 10 月 9 日，台网中心组织开展测震及强震动设备招标前测试工作。

2011 年 10 月 10 日，台网中心主任潘怀文一行前往白家疃地球物理观象台检查测震、强震动仪器招标测试工作。

2011 年 10 月 11 日，台网中心就背景场项目卫星通信设备采购事宜向局发财司汇报，基本确定了卫星设备采购方案。

2011 年 10 月 13 日，台网中心印发《关于报送中国地震背景场探测项目征租地工作进度计划的通知》（震台网函〔2011〕141 号），督促各建设单位加快征租地工作。

2011 年 10 月 18 日、20 日、25 日，前兆台网形变及重力设备、流体设备、地磁及地电设备采购评标会分别在北京中仪大厦召开，共有包括磁通门磁力仪、宽频带倾斜仪、水温仪等 16 包设备招标，京核鑫隆、武汉震科、震苑迪安等 8 家公司中标。

2011 年 10 月 18 — 21 日，台网中心对各建设单位提交的施工设计进行了分类审核，并将强震动台网调整情况报送局震防司，测震台网、前兆台网调整报送局监测司。

2011年11月1—3日，台网中心背景场探测项目谈判工作组与前兆专业设备（重力、地磁、形变、流体）中标厂家进行谈判，并最终确定合同价格、培训方式、交货验收、售后服务等具体内容。

2011年11月3日，台网中心向中国地震局上报《关于中国地震背景场探测项目施工图设计有关事宜的请示》（震台网发〔2011〕45号）。

2011年11月8—21日，背景场项目成立测试专家组，在地质所及台网中心开展水位仪测试工作，11月25日，产出测试报告。

2011年11月10—11日，台网中心分别印发背景场项目前兆设备中磁通门经纬仪、核旋仪、Overhauser磁力仪、质子旋进仪和相对重力仪评标结果确认书。

2011年11月13日，台网中心组织专家对测震及强震动设备测试报告进行评审并通过。

2011年11月15日，台网中心印发《关于中国地震背景场探测项目前兆专业设备统一招标情况及合同签订相关事宜的通知》（震台网函〔2011〕166号）。

2011年11月16日，背景场项目测震及强震动设备开标评标会议在中仪大厦举行。22日，台网中心印发测震及强震动设备评标结果确认书。

2011年11月22日，中国地震局印发《关于中国地震背景场探测项目施工图设计有关事宜的意见》（中震函〔2011〕441号）。29日，台网中心印发《关于批复中国地震背景场探测项目施工图设计调整方案的函》（震台网函〔2011〕170号），对各建设单位提交的施工设计进行了统一回复，确认各建设单位施工方案。

2011年11月23日，台网中心印发《关于调整中国地震背景场探测项目前兆专业设备水氡仪中标总价的通知》（震台网函〔2011〕169号）。

2011年11月23日，台网中心召集前兆台网第一批统一招标专业设备中标厂家召开协调会部署合同签订工作，推进前兆台网部分设备合同签订与供货工作。

2011年11月25日，台网中心背景场项目谈判工作组与测震及强震动设备入围厂商进行谈判，并最终确定合同价格、培训方式、售后服务、交货及验收等具体内容。

2011年11月30日，根据学科组意见，台网中心印发《关于转发〈关于地下流体分析测试中心仪器统一型号的报告〉的函》（震台网函〔2011〕171号），要求流体学科测试中心采用统一型号的观测仪器。

2011年11月30日，台网中心印发《关于中国地震背景场探测项目进度月报报送工作有关事项的通知》（震台网函〔2011〕172号），规范实施月报报送制度。

2011年12月1日，台网中心印发《关于召开中国地震背景场探测项目专业设备采购合同统签会的通知》（震台网函〔2011〕173号）。

2011年12月5—8日，中国地震背景场探测项目专业设备采购合同统签会在北京九华山庄召开，本次合同统签会共签订合同80余份，合同总金额近3000万。

2011年12月13—16日，台网中心先后印发《关于支付中国地震背景场探测项目专业设备采购合同首付款的通知》（震台网函〔2011〕182号）、《关于支付中国地震背景场探测项目专业设备第二批采购合同首付款的通知》（震台网函〔2011〕186号）、《关于支付中国地震背景场探测项目专业设备第三批采购合同首付款的通知》（震台网函〔2011〕188号），要求各相关单位尽快签订设备采购合同，并按合同支付首付款。

2011年12月20日，台网中心背景场探测项目谈判工作组与前兆学科第二批专业设备中标厂家进行谈判，并最终确定合同价格、培训方式、售后服务、交货及验收等具体内容。

2012年1月4日，台网中心印发《关于中国地震背景场探测项目前兆专业第二批统一招标情况及合同签订相关事宜的通知》(震台网函〔2012〕1号)，要求各相关单位尽快签订第二批前兆台网设备采购合同。

2012年1月16日，台网中心向中国地震局报送《关于中国地震背景场探测项目专业设备采购情况的函》(震台网函〔2012〕3号)，将统一采购设备的总体情况向中国地震局进行汇报。

2012年1月17—18日，台网中心组织召开背景场项目2012年度工作安排会议，确定年度工作计划等事宜。

2012年2月8日，台网中心在北京组织召开了强震动预警网项目实施技术交流会，邀请有关专家及生产厂家技术人员就数字强震动记录器的相关技术指标进行了沟通交流，为强震动预警网的设备供货和建设集成提供了坚实的技术基础，也为背景场和社会服务工程两个项目在强震动预警网建设上的衔接起到了较好的促进作用。

2012年2月9日，台网中心印发《关于印发中国地震背景场探测项目2012年度工作计划的通知》(震台网函〔2012〕11号)。

2012年2月16日，台网中心印发《关于召开中国地震背景场探测项目前兆数据处理与加工系统招标书(技术指标部分)编写会议的通知》(震台网函〔2012〕17号)。

2012年2月20—24日，组织召开《中国地震背景场探测项目前兆数据处理与加工系统招标书(技术指标部分)》编写会议，正式启动背景场项目数据处理系统软件招标工作。

2012年2月24日，台网中心根据项目实施进度，编制了2012年度实施预算，并以公文报送中国地震局批复(《关于上报中国地震背景场探测项目2012年度预算的函》(震台网函〔2012〕19号))。

2012年3月1日，局监测司印发《关于成立背景场项目前兆统一采购专业仪器测试专家组的通知》(中震测函〔2012〕26号)，开展前兆专业设备测试工作。

2012年3月5日，台网中心召开流气式氙源采购方式变更会，并于3月7日印发《关于变更流气式氙源采购方式的通知》(震台网函〔2012〕33号)，采购方式由统一采购变更为各相关建设单位自行采购。

2012年3月9日，台网中心组织召开背景场项目流体台网水位仪测试报告评审会议，测试报告通过评审。

2012年3月15—16日，台网中心组织召开前兆专业相关设备测试方案评审会，会议研究讨论了前兆台网各首席专家提交的测试方案并通过评审，报局监测司备案。

2012年3月19日，台网中心对背景场项目各建设单位进行台站征租地进展情况摸底调查，并印发《关于背景场项目征租地进展情况的通报》(震台网函〔2012〕44号)，督促各建设单位尽快完成本单位台站征租地工作。

2012年3月19—25日，背景场项目总工办实地调研西藏、青海小孔径台阵建设工作，进一步推动小孔径台阵实施工作。

2012年3月29—30日，台网中心组织背景场项目地电台网地电场仪测试工作，形成测试报告。地电场仪通过测试。

2012年3月31日，台网中心印发《关于中国地震背景场探测项目前兆专业水位仪设备采购情况及合同签订相关事宜的通知》(震台网函〔2012〕57号)，推动水位仪采购工作。

2012年3月下旬，台网中心组织测震台网专业设备第一次培训会议，3月31日，印发《关于召开中国地震背景场探测项目测震台网专业设备第一次培训会议的通知》(震台网函〔2012〕56号)。

2012年4月1日，台网中心印发《关于报送中国地震背景场探测项目海岛台站实施进度的通知》（震台网函〔2012〕59号），要求各相关单位加快海岛台建设实施工作。

2012年4月12日，背景场项目强震动数据采集器招标工作在北京中仪大厦举行，确定中标单位。

2012年4月15—20日，台网中心组织召开背景场项目测震台网专业设备第一次培训会议。

2012年4月17日，台网中心组织背景场项目地磁设备核旋仪、磁通门磁力仪、Overhauser磁力仪的测试工作。

2012年4月20日，台网中心印发《关于召开中国地震背景场探测项目西藏狮泉河形变台网建设场址变更论证会的通知》（震台网函〔2012〕75号）。4月23日，组织召开西藏狮泉河形变台站场址变更论证会，并将西藏狮泉河台站场址变更论证意见上报项目主管部门。

2012年4月24日，商务谈判在台网中心举行，谈判双方就合同中有关重要条款进行具体讨论，并形成一致意见。

2012年4月27日，台网中心印发《关于召开中国地震背景场探测项目卫星通信设备采购工作会的通知》，启动背景场项目卫星通信设备采购工作。

2012年4月27日，台网中心在综合总工办、总会办等意见的基础上，向项目主管部门报送《关于青海省地震局变更部分中国地震背景场探测项目建设地点和施工设计的函》（震台网函〔2012〕82号），提出调整建议。6月5日，在征得项目主管部门同意的基础上，台网中心印发《关于同意青海局变更部分背景场项目建设地点和施工设计的复函》（震台网函〔2012〕102号），同意青海局提出的调整建议。

2012年5月14日，台网中心印发《关于召开中国地震背景场探测项目卫星通信设备采购招标文件审定会的函》（震台网函〔2012〕93号），组织专家对卫星通信设备采购招标文件进行审核。

2012年5月14日，台网中心印发《关于中国地震背景场探测项目强震动数字强震动记录器统一招投标情况及合同签订相关事宜的通知》（震台网函〔2012〕94号），要求各相关单位组织、推进强震动数据采集器合同签订工作。

2012年5月14日，台网中心印发《关于组织中国地震背景场探测项目实施进度检查及召开工作研讨会的通知》（台网函〔2012〕96号）。5月24—28日、6月16—19日、7月10—13日，台网中心先后在陕西、河北、广西组织召开中期检查工作会，并对部分台站建设情况进行实地检查。7月20日，台网中心将项目中期检查情况进行总结，并向中国地震局报送《关于背景场项目实施进度中期检查相关情况的报告》（震台网函〔2012〕131号）。

2012年6月，台网中心在综合总工办、总会办等意见的基础上，向项目主管部门报送《关于河南省地震局变更背景场项目项城嵩县测震台台站位置的函》（震台网函〔2012〕103号）和《关于辽宁背景场项目大鹿岛测震台土地使用方式变更的函》（震台网函〔2012〕105号），提出调整建议。7月，在征得主管部门同意的基础上，台网中心批复同意河南局、辽宁局提出的场址变更。

2012年6月7—9日，台网中心组织专家组在武汉对前兆专业形变台网宽频带倾斜仪、形变井下综合观测系统进行了测试。相关仪器通过了测试。

2012年6月18日，台网中心向各建设单位印发《关于印发〈中国地震背景场探测项目档案管理办法〉和〈中国地震背景场探测项目档案管理细则〉的通知》（震台网函〔2012〕107号），对项目档案管理工作进行了规范。

2012年6月27日，局监测司在宁夏组织召开背景场预警网建设协调工作会议，议定背景场预警台站到社服工程预警中心各自功能定位和观测数据传输流程。

2012年8月13日，台网中心组织召开背景场项目数据处理系统测震、前兆软件采购招标文件审定会。经过质询与讨论，会议一致同意招标文件通过审定。

2012年8月23日，台网中心组织专家组对"中国地震背景场探测项目卫星通讯系统测试大纲"进行评审。8月26日开始对卫星通信系统应标设备样机进行测试，测试结束后，测试专家组于9月上旬提交测试报告。9月6日，台网中心印发《关于召开中国地震背景场探测项目卫星通信系统采购应标设备测试报告评审会的通知》，9月10日，组织相关专家对卫星设备测试报告进行评审。

2012年8月底至9月底，台网中心集中开展了水温、水位培训工作。

2012年9月3日，台网中心组织专家在地壳所对背景场项目形变专业设备井下综合观测仪进行测试。

2012年9月4日，台网中心印发《关于举办2012年中国地震背景场探测项目前兆台网地磁专业设备DI仪培训班的通知》（震台网函〔2012〕150号），并组织专家于9月10—16日在陕西乾陵对DI仪进行测试，测试通过后开展设备使用、维护等方面培训。

2012年9月9日，台网中心组织相关厂商在广东珠海召开背景场项目强震动台网专业设备第一次培训会议。17—22日，台网中心组织相关厂商在重庆召开背景场项目强震动台网专业设备第二次培训会议。

2012年9月12日，背景场项目卫星通信系统开标工作在北京中仪大厦进行，中标结果于9月19日在中国政府采购网公布。10月11日，台网中心组织开展背景场项目卫星通信系统采购谈判工作，确定设备供货、质保等合同内容。11月21日，台网中心印发《关于中国地震背景场项目卫星通信系统统一招标情况及合同签订相关事宜的通知》（震台网函〔2012〕208号），要求各相关单位推进合同签订工作。

2012年9月23—27日，台网中心委托流体学科组组织相关专家对背景场项目流体专业设备水氡仪进行验收测试，测试通过后，10月22日，台网中心印发《关于举办背景场项目前兆台网流体专业设备水氡仪培训班的通知》（震台网函〔2012〕182号），于10月31日至11月2日在北京会议中心进行水氡仪使用培训。

2012年9月27日，台网中心印发《关于加快实施2012年度中国地震背景场探测项目建设任务的函》（震台网函〔2012〕166号），要求各建设单位抓紧实施工作，确保工程进度与预算执行。

2012年10月17日，台网中心组织开展背景场项目数据处理与加工系统软件项目商务谈判工作，就软件技术方案、实施进度、售后服务等内容进行了谈判。

2012年10月23日，台网中心印发《关于召开中国地震背景场探测项目测震台网应急流动专业设备培训会议的通知》（震台网函〔2012〕184号）。11月6—11日，台网中心组织召开背景场项目测震台网应急流动专业设备培训会议。

2012年11月13日，台网中心印发《关于举办中国地震背景场探测项目地磁专业设备磁通门磁力仪培训班的通知》（震台网函〔2012〕199号），11月26—30日，台网中心组织召开背景场项目磁通门磁力仪培训班。

2012年11月27日，台网中心报送《关于中国地震背景场探测项目征租地进展情况的函》（震台网函〔2012〕212号），向局项目主管部门汇报征租地进展情况，并请协调、推进征租地工作。

2012年12月14日，在综合总工办、总会办，并征得局项目主管部门同意的基础上，台网中心印发《关于同意浙江省地震局背景场探测项目部分台站变更为租地的函》（震台网函〔2012〕222号），同意浙江局提出的变更申请。

2012 年 12 月底，背景场项目前兆专业重力台网相对重力仪供货。1 月 7 — 8 日，台网中心在湖北武汉组织召开背景场项目前兆台网相对重力仪测试启动会，重力学科组专家对该设备进行为期 3 个月的验收前测试。

2013 年 1 月 15 — 17 日，台网中心组织专家组对背景场项目强震动预警台网数据采集器进行验收前抽测。

2013 年 2 月 1 日，台网中心印发《关于加快推进中国地震背景场探测项目专业设备供货、安装及调试等工作的通知》(震台网函〔2013〕14 号)。

2013 年 2 月 25 日，台网中心印发《关于召开中国地震背景场探测项目前兆台网联调工作会议的通知》(震台网函〔2013〕30 号)，并于 26 日组织召开背景场项目前兆台网联调工作会议。

2013 年 2 月 28 日，台网中心印发《关于做好中国地震背景场探测项目文件材料目录报送工作的通知》(震台网函〔2013〕37 号)，要求各建设单位报送本单位已收集整理的文件材料目录。

2013 年 3 月 19 日，台网中心组织召开背景场项目前兆数据处理系统软件需求规格说明书评审会，专家组对前兆数据处理系统软件第一包和第二包的需求规格说明书进行评审，并一致同意各包通过评审并进入概要设计阶段。

2013 年 4 月 1 日，台网中心印发《关于召开中国地震背景场探测项目强震动台网专业设备第三次培训会议的通知》(震台网函〔2013〕56 号)，并于 4 月 9 — 13 日在天津召开培训会。

2013 年 4 月 7 日，台网中心印发《关于召开中国地震背景场探测项目卫星通信系统设备培训会议的通知》(震台网函〔2013〕60 号)，4 月 15 — 18 日在长沙召开培训会。

2013 年 4 月 8 日，台网中心印发《关于举办中国地震背景场探测项目地电阻率仪及地电装置检查仪培训班的通知》(震台网函〔2013〕62 号)，4 月 21 — 26 日在甘肃嘉峪关召开培训会。

2013 年 5 月 7 日，背景场项目总工和项目办人员赴物探中心，交流科学台阵设备采购及项目建设情况。

2013 年 5 月 17 日，台网中心印发《关于中国地震背景场探测项目 2013 年度工作计划的通知》(震台网函〔2013〕85 号)。

2013 年 5 月 21 日，台网中心向环保部报《关于中国地震背景场探测项目丽江地磁台场址调整环境影响情况说明的函》(震台网函〔2013〕87 号)，申请批复丽江台场址调整后的环评工作。

2013 年 6 月 9 日，中国地震局在万寿路召开局长专题会，中国地震局副局长阴朝民听取台网中心关于背景场项目进展情况汇报，并指示要抓住关键环节，加快推进项目实施进展。

2013 年 9 月 11 日，在综合总工办、总会办意见，并征得局项目主管部门同意的基础上，台网中心印发《关于同意海南省地震局背景场探测项目蜈支洲台台址变更的函》(震台网函〔2013〕154 号)，同意海南局提出的变更申请。

2013 年 10 月 12 日，台网中心印发《关于召开中国地震背景场探测项目工作视频会议的通知》(震台网函〔2013〕171 号)。10 月 18 日，台网中心组织召开背景场项目视频工作会议，会议总结了背景场项目总体进展情况，就下一阶段工作进行部署，并针对项目中存在的问题进行交流。中国地震局副局长阴朝民出席会议并讲话，各建设单位项目主管领导参加视频会议，进一步推动了项目实施工作。

2013 年 10 月 14 日，台网中心在长沙举办档案培训班，中国地震局档案管理部门同志和背景场项目各建设单位档案管理人员均到场参加。

2013 年 10 月 23 日，在综合总工办、总会办意见，并征得局项目主管部门同意的基础上，台网中心印发《关于同意河南省背景场项目地电测项台站位置、经费变更的函》(震台网函〔2013〕181 号),同意河南局提出的调整申请。

2013 年 10 月 30 日至 11 月 1 日,台网中心组织召开背景场探测项目测震、强震动验收技术要求编制会,针对测震和强震动学科验收技术要求进行讨论并形成初稿。

2014 年 5 月 5 日,台网中心在江苏召开现场会,协调解决江苏局和北京赛斯米克公司关于太阳岛井下观测设备安装问题,会议取得共识,并确定了下一步解决方案。

三、调试及试运行阶段

2013 年 10 月 31 日,台网中心组织召开背景场项目前兆台网联调及试运行方案评审会,对台网中心前兆实施组提交的前兆台网联调及试运行方案进行评审。经讨论,专家组认为该联调及试运行方案内容齐全,基本可行。

2013 年 11 月 7 日,台网中心印发《关于召开中国地震背景场探测项目验收管理规定研讨与编制工作会的通知》(震台网函〔2013〕193 号)。7 — 9 日,组织召开背景场项目验收管理规定研讨与编制工作会,与会领导和专家经研究讨论后编制了《背景场项目验收管理规定》,并报中国地震局审批。

2013 年 11 月 11 日,台网中心印发《关于召开背景场测震分项第一期联调培训的通知》(震台网函〔2013〕198 号)。18 — 22 日在广西南宁市组织召开背景场测震分项第一期联调培训会。

2013 年 11 月 11 日,在综合总工办、总会办意见,征得局项目主管部门同意的基础上,台网中心印发《关于云南省地震局调整云南地震背景场探测项目部分建设内容的复函》(震台网函〔2013〕199 号),批复了云南局提出的调整申请。

2013 年 11 月 22 日,台网中心印发《关于做好中国地震背景场探测项目试运行工作的通知》(震台网函〔2013〕207 号),要求各建设单位做好试运行工作。

2013 年 12 月 12 日,在综合总工办、总会办意见,征得局项目主管部门同意的基础上,台网中心印发《关于广东局申请背景场项目汕头东山湖井水位测项地点变更的复函》(震台网函〔2013〕222 号),同意其场址变更。

2014 年 1 月 24 日,江西、湖北地震背景场探测项目已经完成建设任务并完成台网联调,台网中心印发《关于批复江西地震背景场探测项目进入试运行的函》(震台网函〔2014〕12 号)及《关于批复湖北地震背景场探测项目进入试运行的函》(震台网函〔2014〕13 号),同意江西、湖北地震背景场探测项目进入试运行。

2014 年 2 月 18 日至 11 月 20 日,驻深办、安徽、福建、山西、广东、河南、天津、宁夏、重庆、北京、河北、吉林、山东、辽宁、新疆、广西、贵州、甘肃、湖南、浙江、四川、江苏、上海、海南、陕西、云南、青海、台网中心、西藏先后完成本单位建设任务并完成台网联调,台网中心利用网络技术,在线查看各单位背景场项目台站并网情况后,分别同意其进入试运行。

2014 年 2 月 19 日,台网中心及局发财司、监测司相关负责人赴湖北召开有关会议,并对武汉地震科学仪器研究院开展仪器供货和安装进度进行检查。会议对后续工作存在的难点问题进行讨论和分析,并对项目工期进行仔细核对和安排。

2014 年 2 月 28 日,台网中心印发《关于召开背景场项目预警强震动台网软件培训及联调工作的通知》(震台网函〔2014〕42 号),并于 3 月 3 — 7 日在甘肃兰州组织召开背景场项目预警强震动台网软件培训及联调工作会。

2014 年 3 月 3 日，台网中心背景场项目相关负责人赴云南昆明对云南背景场探测项目进行进度检查，并召开汇报交流会议。会议对后续工作存在的难点问题进行讨论和分析，并对项目进程进行仔细核对和安排。

2014 年 3 月 20 日，台网中心召开背景场项目验收管理规定评审会。经讨论，评审专家组认为验收管理规定完整、可行，一致同意通过评审，并对一些具体内容提出相关建议。台网中心按照评审专家组提出的具体建议进行了修改，25 日报中国地震局审批后印发。

2014 年 3 月 13 — 15 日、4 月 26 — 29 日，台网中心组织各建设单位分别在湖北武汉、山西太原举办了背景场前兆分项第一、二期联调培训班。

2014 年 5 月 27 日，局监测司组织台网中心和工力所及有关专家，召开背景场项目预警台站建设和社服工程预警中心建设协调会。

2014 年 6 月 5 日，局发财司听取台网中心关于背景场项目进展汇报。

2014 年 6 月 20 日，局监测司组织台网中心和部分专家，讨论背景场项目狮泉河台阵建设备选方案。

2014 年 10 月 14 日，中国地震局副局长阴朝民到台网中心听取重大项目进展及相关工作情况汇报，对项目实施工作提出指导性意见。

四、验收阶段

2015 年 2 月 2 日，中国地震局印发《关于中国地震背景场探测项目预备费使用方案的批复》，同意背景场项目预备费分配使用方案。

2015 年 2 月 4 日，台网中心完成背景场项目单位子项目验收技术要求等方案的编制工作，上报中国地震局审批。3 月 24 日，背景场项目单位子项目验收技术要求等方案印发各建设单位。3 月 30 日至 4 月 2 日，背景场项目验收管理办法及技术要求培训会在江西南昌召开。

2015 年 5 月 7 日，受局监测司委托，台网中心要求前兆各学科中心提供各区域前兆台网观测仪器试运行期间的数据质量评价报告，对背景场项目建设仪器的观测数据质量进行评价。

2015 年 6 月 2 日，台网中心背景场项目有关领导、总工办、总会办召开会议，商议部署背景场项目分项验收事项。

2015 年 5 月 25 日，根据项目实施公司的申请，台网中心组织有关人员对背景场项目测震软件进行了合同测试和验收。7 月 7 日，台网中心印发背景场探测项目各区域前兆台网观测仪器近期的数据质量评估报告。

2015 年 6 月 8 日，台网中心发文，同意青海局、甘肃局进行单位子项目验收。至 9 月 15 日，除贵州外，其余 37 家建设单位都已经完成了单位子项目验收工作。

2015 年 11 月 6 日，台网中心向中国地震局提出验收申请，申请对背景场项目科技分项、测震分项、强震动分项和前兆分项进行验收。

2015 年 11 月 19 — 21 日，局监测司组织有关业务司室，对背景场项目科技分项、测震分项、强震动分项和前兆分项进行验收及验收测试。

2016 年 6 月 29 日，中国地震局组织专家在北京对中国地震背景场探测项目进行了总验收。验收专家组认为，背景场项目工程质量合格，总体功能和技术指标达到设计要求；符合基本建设程序，实施管理规范，经费使用合理，文档资料齐全。一致同意通过验收。